W0381745

Wohnen am Hang

Christoph Gunßer

Wohnen am Hang

Aktuelle Beispiele aus Deutschland, Frankreich, Österreich und der Schweiz

Deutsche Verlags-Anstalt
Stuttgart München

Die Deutsche Bibliothek - CIP-Einheitsaufnahme
Ein Titeldatensatz für diese Publikation ist bei
Der Deutschen Bibliothek erhältlich

© 2001 Deutsche Verlags-Anstalt GmbH,
Stuttgart München
Alle Rechte vorbehalten

Redaktionelle Bearbeitung: Nicola Buhl

Grafische Gestaltung, Satz und Umbruch:
Gini Klose, Oberhaching

Lithographie: Repro Ludwig, Zell am See

Druck und Bindearbeit: Bosch-Druck GmbH,
Landshut

Diese Ausgabe wurde auf chlor- und säurefrei
gebleichtem, alterungsbeständigem Papier
gedruckt.
Printed in Germany

ISBN 3-421-03260-2

Inhalt

Deckung und Ausblick

Über einige Motive für das Siedeln am Hang

Bis vor wenigen Jahrzehnten war das Bauen wie das Wohnen am Hang mit großen Mühen und auch Risiken verbunden. Erst die Einführung neuer Bauweisen, insbesondere des Stahlbetonbaus, und die Verbreitung motorisierter Verkehrsmittel machten das Wohnen in Hanglagen zu dem Massenphänomen, das es heute – leider – geworden ist. Denn wenn heute allenthalben alte Weinberge und Obstgärten, Wiesen und Seeufer zu Bauland erklärt und für Straßen und Häuser in Betonsärge gezwängt werden, dann ist die Vernichtung von Landschaft hier besonders sichtbar und beklagenswert. Doch Hanglagen sind nicht nur durch optische Umweltverschmutzung gefährdet, sie erweisen sich oft auch als geo- und biologisch sensibel – die nach Jahrzehnten der »Hangverbauung« in den Alpenländern gehäuft auftretenden Erdrutsche sind dafür nur ein Beispiel (1).

Doch zwischen der ersten Terrassierung von Hängen für die Landwirtschaft vor einigen tausend Jahren und den Villen in begehrter Höhenlage von Beverly Hills, Stuttgart oder Hamburg-Blankenese vollzog sich nicht nur die heute spöttisch als »vierte Fruchtfolge« bezeichnete Spekulation mit frischem Bauland, sondern auch eine bemerkenswerte Kulturentwicklung. Das Wohnen in der Oberstadt, *uptown*, galt stets als Ausweis auch sozialer Überlegenheit – das Wort selbst sagt es ja bereits –, von den Elendsvierteln in Rio de Janeiro einmal abgesehen. Wo Hänge oder Klippen mit Aussicht zu bebauen waren, sind diese bis heute die teuersten Lagen überhaupt.

Was drängt die Menschen an Punkte, die zu besiedeln und zu erreichen auch heute noch einigen Aufwand erfordert? Anthropologen führen das Phänomen auf die menschliche Stammesgeschichte zurück: Demnach genoss im ursprünglichen Lebensraum Savanne derjenige einen Evolutionsvorteil, der von seinem Wohnort ein möglichst großes Territorium überblicken konnte. Geschützte Höhlen am Rande der Ebene galten als die ideale Behausung – boten sie doch sowohl Deckung wie

Keine Fata Morgana an der Landstraße, sondern eine fast alltägliche Hangverbauung irgendwo in der Schweiz

Alternativen für den Umgang mit Hanglagen:

Mimikry-Camouflage in Bildstein (A) von Arno Bereiter, Dornbirn

Rechts:
Im Grün untergetaucht – Utlucht eines Solarhauses in Tübingen (D) von Dieter Schempp, Tübingen

Differenzierte Gestik von Geborgenheit und Öffnung – Wohnanlage in Bildstein (A) von Christian Laesser, Lustenau

Rechts:
High-Tech-Nest, an die Klippe geklebt in Wolfurt (A) von Walter Unterrainer, Feldkirch

Zeichenhafter Riegel in Bildstein (A) von Wolfgang Ritsch, Dornbirn

Rechts:
Angepasstes Minimalenergiehaus in Trin (CH) von Andrea Gustav Rüedi Marug, Chur

Ausblick. Dieses Fern-Sehen mit bergendem Gelände im Rücken entsprach am besten den Bedürfnissen der Jäger und Sammler der menschlichen Frühgeschichte.

Die Massengesellschaft von heute mag diese Programmierung nicht mehr benötigen, sie verstärkt aber mit ihren lästigeren Zivilisationserscheinungen gewiss das psychische Bedürfnis des Einzelnen nach Licht und Grün und sozialer Abgrenzung – nur sind die wenigen prominenten Punkte, die dem Steinzeitprogramm entsprechen, in unseren Ballungsräumen rasch besetzt. Das führt dann unter anderem dazu, dass Menschen sich in Hochhäusern zu Dutzenden übereinanderstapeln lassen oder in architektonische »Wohnhügel« ziehen, um das begehrte Gefühl der Erhabenheit selbst in der Ebene zu erleben. In Zeiten, da die Lebensverhältnisse sich immer unabhängiger vom jeweiligen Ort entwickeln (Stichwort: neue Medien), mag auch ein gewisses beruhigendes Selbst-Bewusstsein daher rühren, dass man auf die weitere Wohngegend und nicht nur auf Nachbars Garage blickt. Für die Umgebung sind solche Ersatz-Berge fast immer ein Alptraum, denn das Sehen bedingt, zumindest für das Bauwerk, das Gesehen-Werden.

Was das eigentliche Hangwohnen vor derlei auszeichnet, ist der unmittelbare Bezug zum umgebenden Freiraum: Jede Ebene des Hauses verdient in der Regel die Bezeichnung »Erdgeschoss«, da Terrain und Haus sich meistens parallel entwickeln. Extremes Beispiel dafür sind die – besonders in den Alpenregionen beliebten – »Terrassen«: Durch die meist komplette Überbauung des Bodens schaffen sie eine zweite, eine Parallel-Landschaft – um den Preis der Beerdigung der ersten.

Ein gewachsenes Bewusstsein für die endlichen Erd-Ressourcen, wozu ja auch das Land zählt, führte in den letzten Jahren dazu, dass Hanglagen vor allzu massiven Eingriffen geschützt werden. Um künftigen Generationen wenigstens Fragmente der gewachsenen Kulturlandschaft zu hinterlassen, sind in Städten wie Stuttgart oder Bern die letzten Weinberge und grünen Hänge heute tabu. Dort sucht sich der Siedlungsbrei statt dessen andere Randlagen – bei oft größerem Landverbrauch.

Denn die bei geringer Geschosszahl vergleichsweise hohe Dichte, welche an Hängen möglich ist, macht Hangbebauungen wenn nicht zu kosten-, so doch zu flächensparenden Exempeln der Siedlungsentwicklung. Die ausgeprägte Privatheit der wohnungsnahen Freiflächen steigert, bei geschickter Anordnung, den Wohnwert der Räume enorm – nachbarlicher Stress wie im Standard-Reihenhaus dürfte hier so gut wie unbekannt sein. Dass künftig im Zeichen knapper Flächen möglicherweise ganz neue Hanglagen erobert werden, zeigt das faszinierende Projekt für eine »Solarstadt 2001« in einem alten Steinbruch, das an der Uni Wuppertal entstand (2).

Es gilt also, je nach städtebaulicher und landschaftlicher Lage, Kompromisse zu finden: zwischen Kompaktheit und selbstbewusster Setzung einerseits und Integration in Freiraum und Weichbild andererseits. Dieses Buch zeigt einige Beispiele dafür, wie diese Gratwanderung gelingen kann, und plädiert damit für einen bewussteren Dialog von landschaftlicher Schönheit und Baukultur.

Quellen und weiterführende Literatur

(1) Gesellschaft für ökologische Forschung e. V., München,
Schöne neue Alpen, Ausstellungskatalog, München, 1998

(2) Schmidt-Bleek, F., u. a., Das Wuppertal Haus, Basel, 1999; S. 73 ff.

Achleitner, F., Region ein Konstrukt? Regionalismus eine Pleite?
Basel, 1997

Neues Bauen in den Alpen, Architekturpreis, Basel, 2000

Die Grundrisse und Schnitte im Buch sind in den Maßstäben 1:200 oder 1: 300 reproduziert.

Beispiele

Respekt für die Landschaft

Drei Einfamilienhäuser in Brugg (CH)
Architekten: Architheke, Brugg

Als Alternative zu einer massiven, die Landschaft unter sich begrabenden Terrassenbebauung, wie sie an Schweizer Steilhängen weithin üblich ist, entwickelten die jungen Architekten einen leichten Holzhaustyp, der die Natur so weit wie möglich schont.

Der steile Südosthang des Bruggerberges, ursprünglich als Weinberg, dann als Weideland genutzt, ist heute eine begehrte Wohnlage am Stadtrand von Brugg. Entsprechend hoch sind die angestrebten Ausnutzungsziffern, vor allem die treppenförmigen Terrassenüberbauungen prägen das Bild – zum Nachteil der Landschaft: Vom Aaretal aus erscheint der einst grüne Hang inzwischen wie vom Siedlungsbrei verschluckt.

Doch ein paar Ausnahmen sind erkennbar: Zu den Pionieren am Ort zählen die drei »blauen Würfel«, die Mitte der Neunziger auf einer langen, schmalen Parzelle errichtet wurden. Hinter einem alten Wohnhaus, das auf diese Weise erhalten werden konnte, staffeln sie sich hintereinander den Hang hinauf, darin exakt den städtischen Vorschriften zum Grenzabstand und zur Höhenentwicklung entsprechend.

Die drei äußerlich identischen Gebäude sind schlichte »Kisten«, in Holzrahmenbauweise, ohne große Eingriffe in den Hang errichtet.

In ihrer Minimalästhetik widersprechen sie frech der Regel, dass auf ein teures Grundstück auch ein teures Haus zu setzen sei. Vielmehr interpretieren sie geschickt den engen Rahmen des Terrains, das den Bauherren (darunter Architekt Beat Klaus mit seiner Familie) im Baurecht zur Verfügung stand. Stadtforscher weisen schließlich schon lange darauf hin, dass gebäudetypologische Innovationen eng mit der Parzellierungsform zusammenhängen – und die Tabula rasa des modernen Städtebaus (inklusive Terrassenüberbauungen) nur dank vorangegangener »Flurbereinigungen« auf Kataster-Ebene so verheerende Auswirkungen haben konnte. Umgekehrt fördert eine kleinteilige Parzellenstruktur Vielfalt und Ortsbezug, was ja keineswegs zwangsläufig unwirtschaftlich ist.

Die kompakten Bausteine der blauen Siedlung wurden rationell hergestellt: Im Werk vorgefertigt, wurden die Holzrahmen mitsamt Fenstern und Leitungen vom Kran innerhalb weniger Tage auf die Fundamente gesetzt. Durch Beplankung ausgesteift und mit einer wetterabweisenden Schicht aus lasiertem Kiefernsperrholz versehen, konnten die Raum-Module innen vollkommen offen bleiben, bis auf eine Stahlstütze in der Mitte, den seitlichen Treppenblock und einige technische Installationen. So bieten die drei Ebenen viel Platz für individuelle Entfaltung (auch eine Einliegerlösung ist möglich). Der Innenausbau ist aus hellem Birkensperrholz, was die Räume zusätzlich weitet.

Wenngleich aus Konstruktions- und Kostengründen nur leicht auf den Hang gesetzt, nehmen die Räume über Decks und Terrassen (und ihre Kontur als Ganzes) Verbindung zur Landschaft auf und überhöhen sie. Jedes Haus wird so durch seine Lage, Einfügung und Ausgestaltung einmalig.

Der Erfolg dieses Ensembles ließ die Architekten in der Nachbarschaft unlängst eine größere Siedlung realisieren – die »roten Reihen« sind auf Seite 140 bis 145 dokumentiert.

Decks über dem Aaretal:
Blick vom Waldrand auf die
Eingangsseite

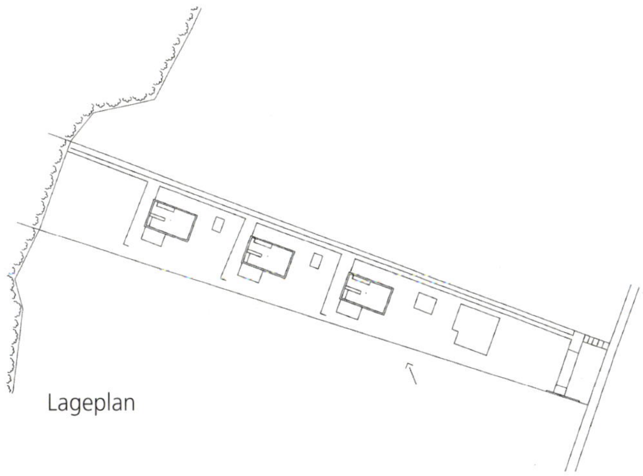

Lageplan

Leicht auf den steilen
Hang gesetzt:
Die abgetreppten Häuser
ergeben ein lebendiges Bild

Erst von ferne ist erkennbar, dass die drei Häuser identisch sind und hintereinander aufgereiht stehen

Das Obergeschoss springt nach Norden vor und schützt so den Hauseingang

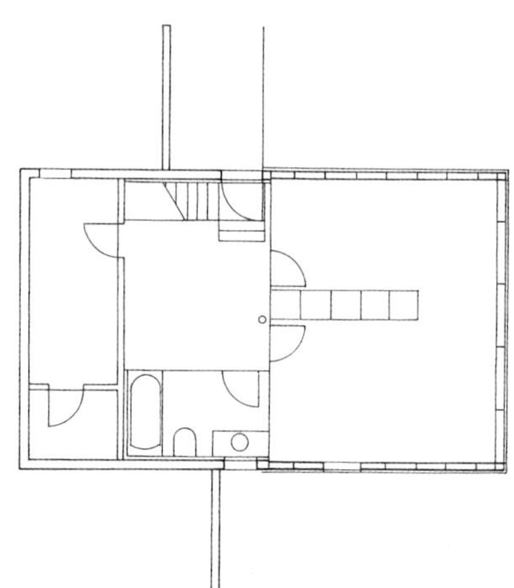

Untergeschoss

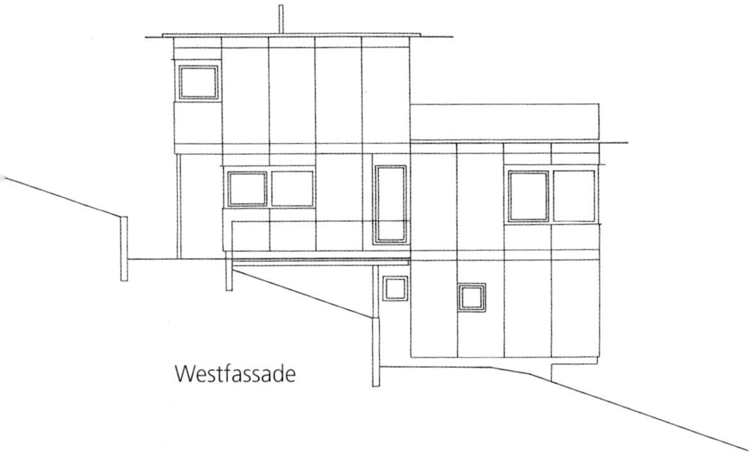

Westfassade

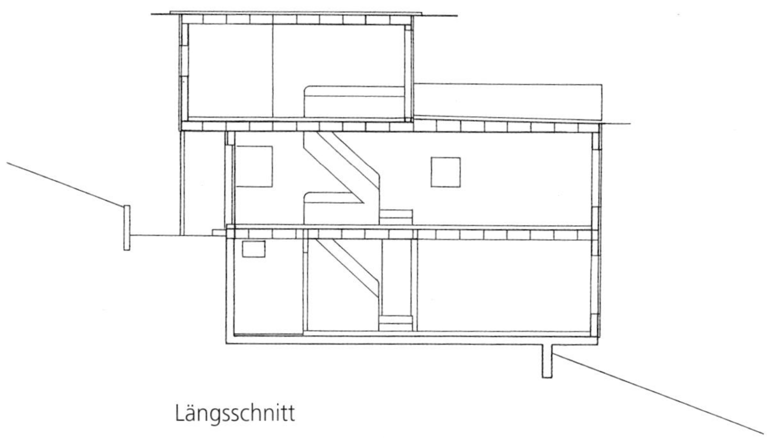

Längsschnitt

Die Holzbauweise erlaubte elegante
Eckfenster und Fensterbänder

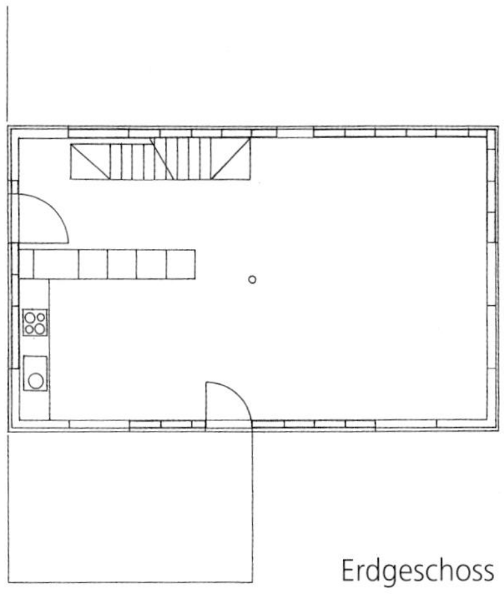

Erdgeschoss

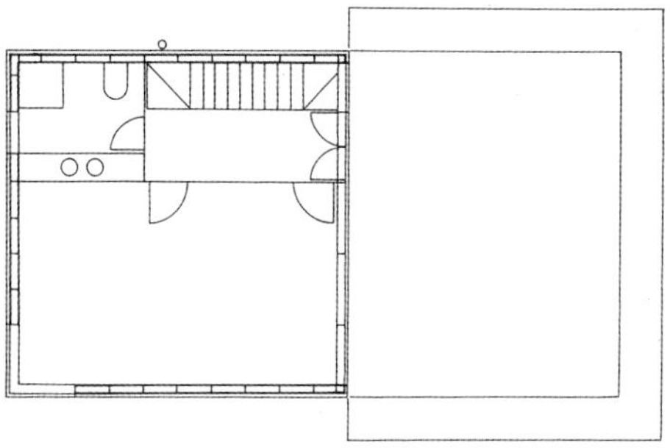

Obergeschoss

Küche und Wohnraum bilden eine Einheit

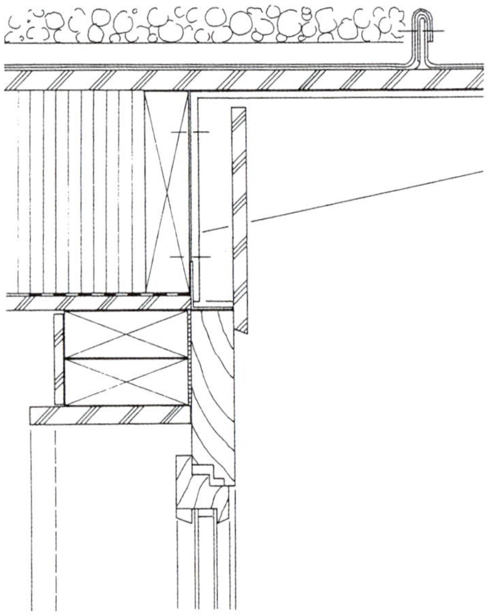

Deckenaufbau

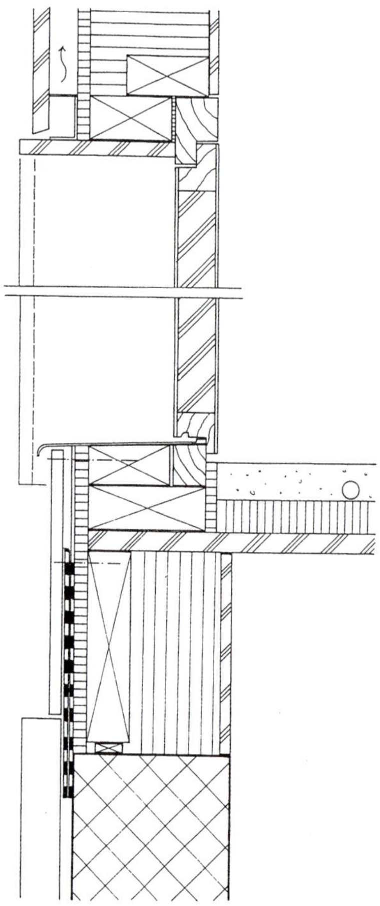

Bodenaufbau

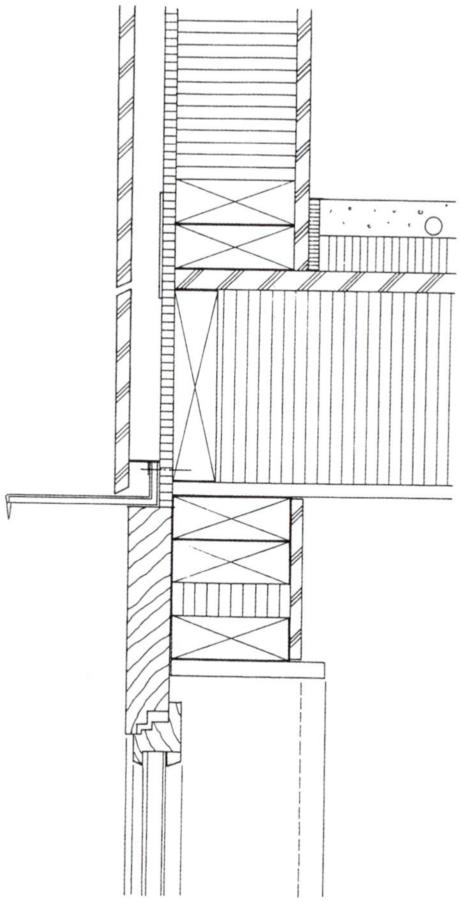

Wandaufbau

Bad mit Platz sparender Schiebetür im Obergeschoss

Die Diele im Erdgeschoss

Planung:
Architheke, Rüdi Dietiker, Beat Klaus, Roland Keller
Mitarbeit: Andreas Bünder
Bauingenieur: Meyer, Senn und Erne, Baden
Bauherr: Bauträgerschaft Rebmoosweg
Konstruktion:
Holzbau in Rahmenbauweise auf Betonkeller
Baukosten: 2 525 sFr / m^2 Geschossfläche
Fertigstellung: August 1994
Standort: Rebmoosweg, Bruggerberg, Brugg

Moderner Dialekt

Drei Einfamilienhäuser in Rickatschwende (A)
Architekten: Bartolomäus Moosbrugger, Erwin Höttges, Dornbirn

Die flachen, zeichenhaften Giebel zur Talseite fügen sich in die Kontur der Landschaft

In privilegierter Lage oberhalb des Rheintals zeigt diese Hausgruppe, dass modernes, kostengünstiges Bauen und landschaftliche Einfügung sehr wohl eine Verbindung eingehen können – ein Präzedenzfall gegen die in den Bergregionen weithin als ortsüblich geltende »Jodler-Architektur«.

Zwischen dem traditionsreichen Kurhotel und einem Wohngebiet stand ein noch unberührtes großes Wiesengrundstück zur Verfügung, das sanft nach Nordwesten zur Straße abfällt. Im Hintergrund waren ein altes Bauernhaus sowie wertvoller Baumbestand zu berücksichtigen.
Die drei identischen Häuser staffeln sich entlang der Grenze zum Wohngebiet in einer ruhigen Reihe den Hang hinauf. Auf diese Weise lassen sie den Großteil der Wiese und damit den Blick auf das alte Gehöft frei. Die Baumgruppe wirkt wie ein natürlicher Abschluss der Neubebauung.
Neben der ruhigen, rhythmischen Gruppierung der Baukörper trägt deren filigrane Fassadenstruktur maßgeblich zur Einfügung bei: Hier taucht in zeitgemäßer Form die zweischichtige Gliederung der traditionellen Bauernhäuser wieder auf. Edelstahlgeländer fassen nun die umlaufenden Balkone und verleihen dem Motiv eine neue Leichtigkeit. Dabei entsteht durch die großen Dachüberstände zusätzlich Tiefe: Vor dem talseitigen Giebel ist ein großes, geschütztes Aussichtsdeck angeordnet, das zugleich den Eingang und den Lagerplatz für das »Holz vor der Hütt'n« schützt. Die eigentliche Gebäudehülle wurde auf teilweise massivem Sockel (Heizungskeller) als rationelle Holztafelkonstruktion errichtet. Großformatige, unbehandelte Holzmehrschichtplatten und je nach Himmelsrichtung unterschiedlich dimensionierte Fenster mit Holzrahmen prägen die Ansichten. Der weite Dachüberstand bietet der an Möbelbauten erinnernden Außenhaut wirksamen Schutz.
Auch die Dächer wirken leicht: Sie sind mit dunklen Wellplatten gedeckt und tragen auf der Westseite Solarkollektoren. Ihre ruhige lagernde Form wird nur durch die Edelstahlkaminrohre durchbrochen – die Häuser sind mit Zentralheizung sowie Holzöfen ausgestattet. Mit k-Werten von 0,23 (Außenwände) und 0,22 (Dach) ist die Konstruktion für diese exponierte Höhenlage indes bereits gut gewappnet. Das Innere ist einfach gegliedert: Die Hauptwohnebenen sind als offener Allraum konzipiert. Die sichtbare Holzkonstruktion sowie Holzriemenböden in den Wohnräumen unterstützen die behagliche Raumwirkung. Ohne je ins Tümelnde abzugleiten, gelang hier ein dem Standort vorzüglich angepasstes Ensemble.

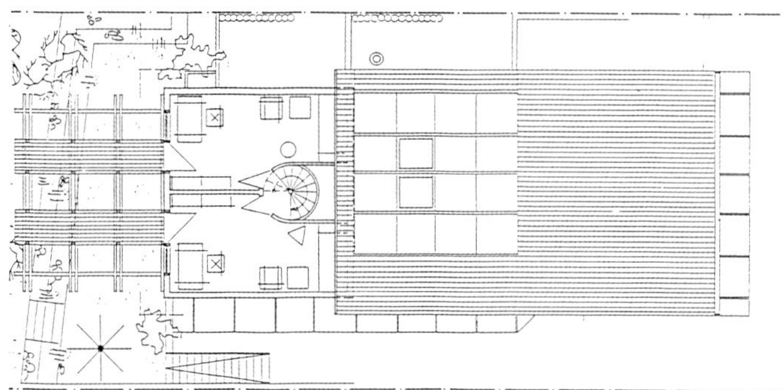

Dachgeschoss

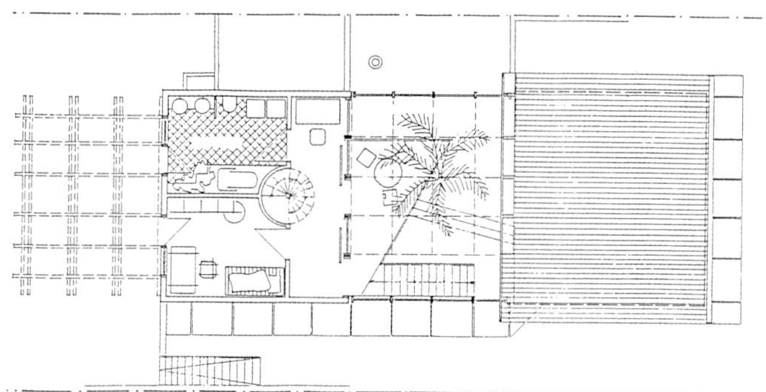

Obergeschoss

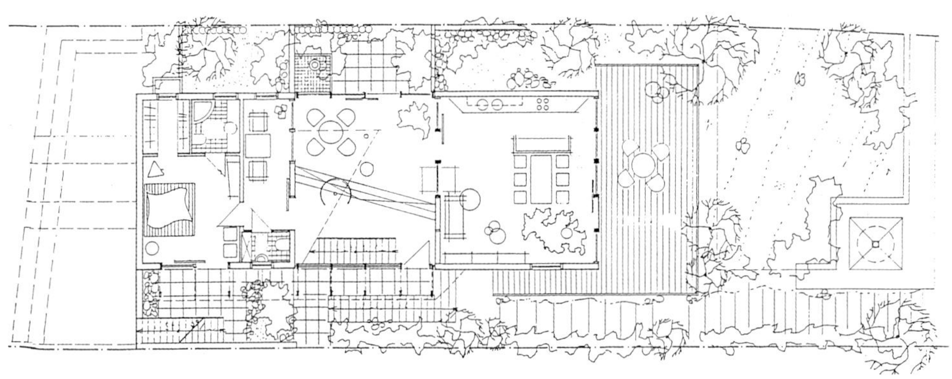

Erdgeschoss

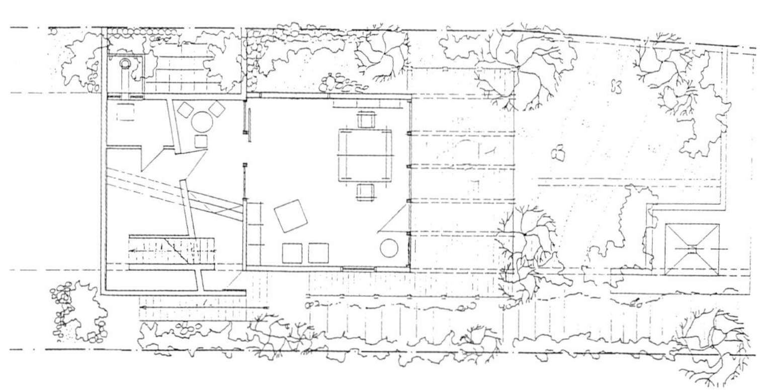

Untergeschoss

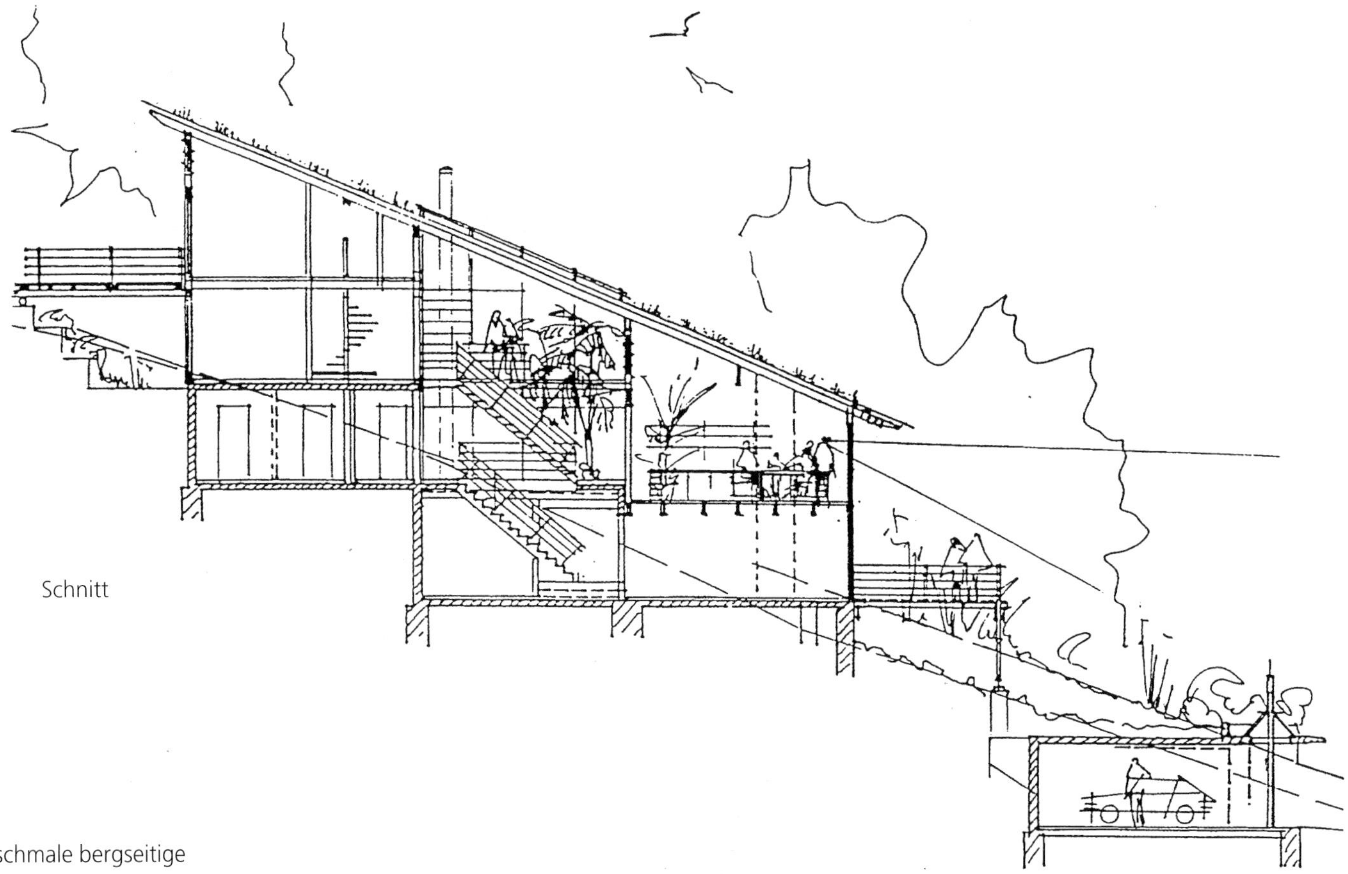

Schnitt

Die schmale bergseitige
Fassade

Die Galerie im Wintergarten

Planung: Körner + Stotz, Architekten, Stuttgart
Bauherr: Familie Dieterich
Konstruktion: Holzständerbauweise, Lärchenholzschalung
Baukosten: 650 000 DM / 160 m² Wohnfläche
Fertigstellung: August 1995
Standort: Waldstraße 155, Murrhardt

Das Dach über dem Wintergarten erlaubt Ausblicke in die Landschaft

Heller Vielzweckraum: der Wintergarten

Ein Haus aus zwei Häusern

Einfamilienhaus mit Einliegerwohnung in Tübingen (D)
Architekten: Bauer + Partner, Tübingen

Auf einem relativ kleinen Südhang-Grundstück wurde hier ein großes Raumprogramm verwirklicht: 270 Quadratmeter Wohnfläche misst das Haus. Durch die Teilung in zwei versetzte, über Balkone miteinander verbundene »Häuser« wirkt diese Baumasse indes nicht bedrückend. Vielmehr bietet die geschickte Gliederung Schutz vor unerwünschten Einblicken und zugleich Ausblick – schließlich heißt diese feine Adresse »Im Schönblick«!

Wenn Fred Bauer mit seiner vierköpfigen Familie umzieht, baut er sich ein Haus. Dreimal hat der immer noch recht jung wirkende Mann das nun schon so praktiziert. Da er als Architekt und Geschäftsführer einer Bauträgerfirma ähnliche Häuser für Kunden realisiert, dienen ihm die eigenen Häuser stets auch als Referenzobjekte. Doch der Umzug zurück in die Stadt hatte zunächst familiäre Gründe – die Kinder besuchen dort inzwischen weiterführende Schulen und sollen keine weiten Wege auf sich nehmen müssen.

In Tübingens bester Halbhöhenlage erwarb die Familie ein Grundstück, auf dem ein 35 Jahre altes Haus stand. Dessen Umbau schien wenig lohnend, größere Einschnitte verhinderten die Bauvorschriften, und so wurde es in einem spektakulären Happening zunächst künstlerisch umgestaltet und dann abgerissen.

Der Neubau setzt sich aus zwei gegeneinander versetzten, quer den Hang hinab gestaffelten Quadern mit flachen Pultdächern zusammen. Diese einfachen, leichten Pultdächer mit ihren Holzlattenrosten wecken trotz ihrer Höhe von zwei beziehungsweise drei Geschossen Erinnerungen an Gartenschuppen, wie sie wohl früher einmal in diesem Gebiet gestanden haben.

Tatsächlich befinden sich Hülle und Innenleben hier in seltener Entsprechung: Jede Ebene ist als Einraum offen gestaltet – dank der Holzständerbauweise konnten die maximal 6,50 Meter tiefen Räume ohne tragende Innenwände und Stützen errichtet werden.

Besondere Großzügigkeit entsteht in der Hauptwohnebene durch die quer beide Quader durchdringende Erschließungszone, die gleichzeitig Blickschneise vom Wohnraum hinaus ins Tal ist. Am Weg liegen die Küche mit Nebenräumen und ein Balkon, der den Zwickel zwischen den Baukörpern einnimmt und so von der Straße nicht einsehbar ist.

Schon die Hinführung ist spannend: Wer das Haus auf dem Gartenweg im Osten halb umrundet, hat seine Komposition am Hang schon fast begriffen. Geht man jedoch die nördliche Stützmauer entlang, die gerade, enge Treppe hinauf und wendet sich dann zurück talwärts, ist man von der Offenheit und Helligkeit überrascht.

Die einläufige Treppe im Rücken des oberen Quaders führt weiter in das Dachgeschoss dieses Bauteils, in dem die Schlaf- und Kinderzimmer liegen, orientiert nach Süden auf das große Balkondeck, dem der Pultdachabschluss des kleineren Quaders als schützende Brüstung dient. Darüber hinweg schweift der Blick ins Neckartal.

Die rationelle Holzständerkonstruktion der Quader ruht auf einem Hanggeschoss aus Betonfertigteilen, in welchem neben einer großen Einliegerwohnung auch die Heizung (Brennwertkessel) untergebracht ist. Zwischen die 6/20 cm-Ständer der Außenwände darüber ist eine ebenso dicke Dämmung eingelegt, Holzfaserzementplatten bilden die Außenhaut, Gipskartonplatten die Innenverkleidung – dieser Platz sparende Wandaufbau erfüllt den Niedrigenergie-Standard.

Im Kontrast zu den zartblau getönten Platten der Fassade stehen die Felder aus unbehandelten Douglasien-Latten, die insbesondere die Ansicht des gesamten Dachgeschosses mitsamt seinen Fensteröffnungen überziehen – als filigraner Sonnenschutz und optisch vereinheitlichender Abschluss. An den großen Südfenstern – aus Kostengründen wurden die Rahmen aus Kunststoff gefertigt – dienen Jalousien als Sonnenschutz. Zieht man die hochwertige Innenausstattung des Hauses (Eichenparkett, Granitboden u. a.) in Betracht, so sind die Baukosten von 2 600 DM pro Quadratmeter ausgesprochen niedrig.

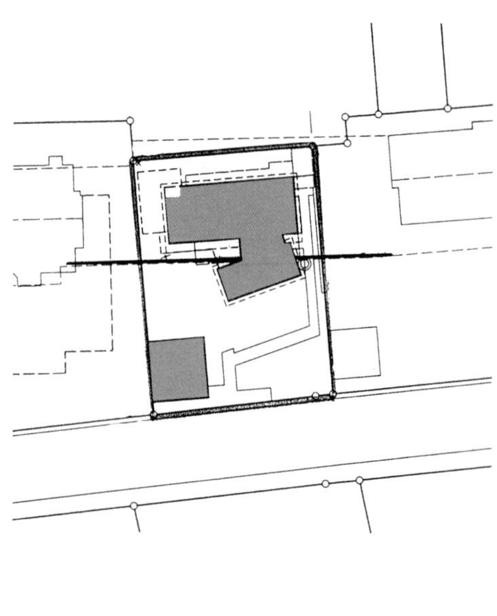

Lageplan

Durchlässig: der Freisitz zwischen den Häusern im Hauptwohngeschoss

Die Ostseite mit dem Hauseingang

Der Speiseraum
mit Talblick

Schlafraum unterm offenen
Pultdach des größeren Hauses

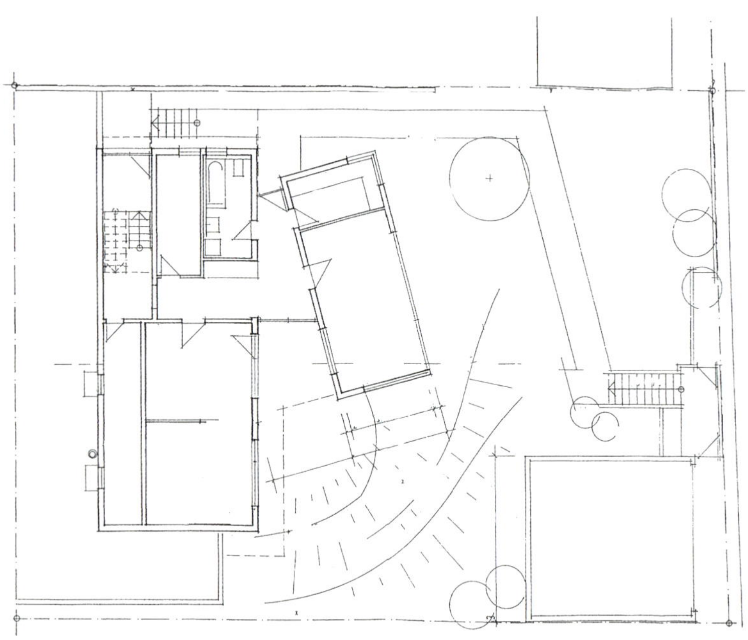

Untergeschoss

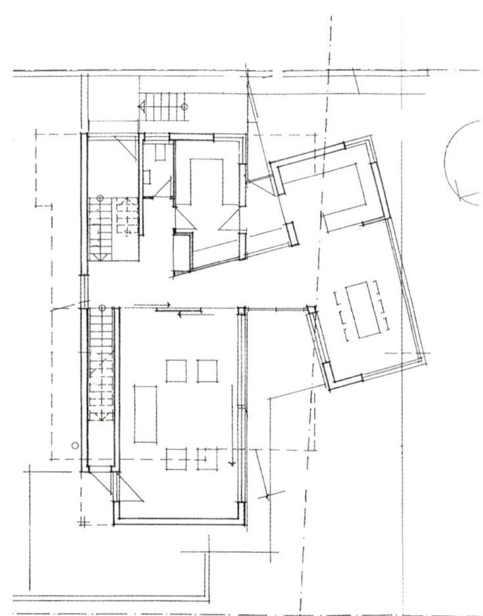

Erdgeschoss

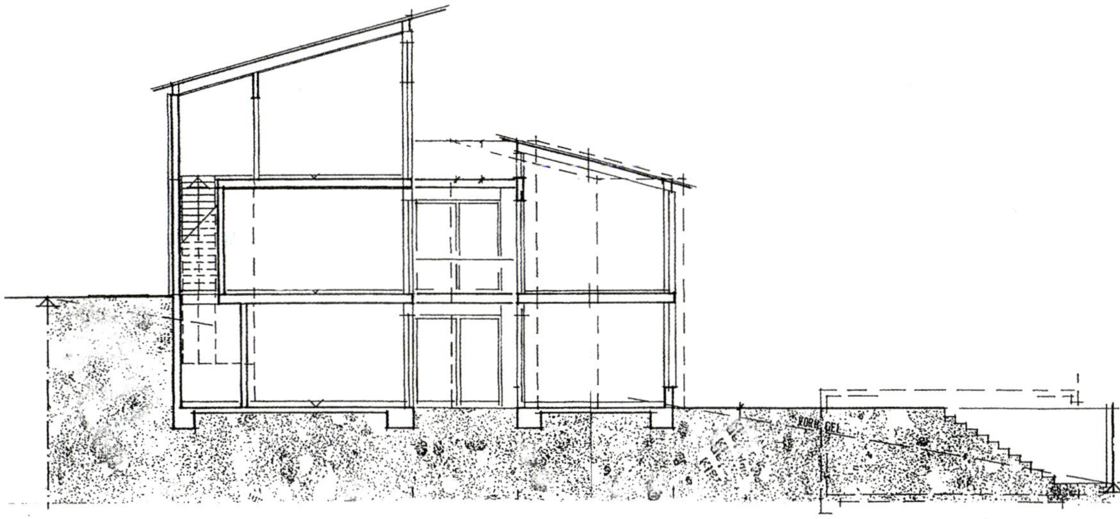

Schnitt

Blick von der Straße auf die gestaffelten Baukörper: Jalousien und Lattenroste vereinheitlichen die Volumen

Bei Nacht wird die Großzügigkeit der Raumzusammenhänge auch von außen sichtbar

Blick in die geräumige Küche im Erdgeschoss

Der Wohnraum
im Erdgeschoss des
größeren Hauses

Die Treppe erschließt
entlang der nördlichen
Außenwand die oberen
zwei Geschosse

Blick aus dem
Wohnraum auf den
geschützten Freisitz
zwischen den
Häusern

Planung:
Bauer + Partner, Architekten,
Winfred Bauer, Tübingen
Bauherr:
Birgit und Fred Bauer
Konstruktion: Holzständerbau auf Hanggeschoss aus Beton-Fertigteilen
Baukosten:
ca. 2 600 DM/m² Wohnfläche
Fertigstellung: Oktober 1997
Standort: Im Schönblick 9,
Tübingen

Zwillinge am Steilhang

Zwei Einfamilienhäuser in Schmitten-Arnoldshain / Taunus (D)
Architekten: Berndt + Lorz, Frankfurt am Main

Von der Talseite sehen sie wie Turmhäuser aus, von der Straße wie bescheidene Minimalhäuser – beides verbinden eine steile Treppe und die kühle Ästhetik der zwanziger Jahre.

Seit Stadtbaurat Ernst May das »Neue Frankfurt« im Stil der weißen Moderne errichten ließ, sind karge Flachdachbauten mit Fensterbändern und Stahlbalkonen im Rhein-Main-Gebiet heimisch geworden, auch wenn ihre Serienbauweisen und Schiffs-Metaphern sie ursprünglich stets »reisefertig« aussehen ließen. Wer allerdings heute, unter ähnlichen Prämissen wie damals, die sparsame May-Ästhetik zitiert, stößt noch immer auf Vorbehalte: Von »Klötzen«und »Kisten« berichten die jungen Frankfurter Architekten Astrid Berndt und Heinz Lorz, die in den neomodernen Neunzigern mit derart puren Bauten bekannt geworden sind.

Die zwei preisgekrönten Wohntürme in Arnoldshain führen die Stärken dieser Formensprache vor Augen: Als identische Zwillinge schieben sie sich in ein grünes Tal mit altem Baumbestand – Kontrast ist das Prinzip, Überhöhung der Natur die Folge. Verglichen mit der Beliebigkeit der Bauten in der Umgebung sind die schlichten »Kisten« jedenfalls ein Blickfang.

Die vier Ebenen der kompakten Häuser bieten insgesamt 250 Quadratmeter Wohnfläche. Dank mehrerer Zugänge lassen sie sich auch als separate Wohneinheiten nutzen. Eine »Brücke« führt von der Straße zum Haupteingang: Tief eingezogen, wirkt er wie eine Schleuse. Im Inneren findet die Raumflucht des Korridors in einem kleinen Balkon mit Reling ihr Ende – ebenfalls ein beliebtes Motiv der Zwanziger. Auch seitlich springt der größere Balkon auf zwei Ebenen mit demselben Motiv in den Außenraum vor.

Der schmale und tiefe Grundriss wird über die von einer Lichtkuppel erhellte zweiläufige Treppe nach oben und unten erweitert. Oben besteht die Hälfte der Fläche aus der offenen Dachterrasse – dem »Schiffsdeck«, ist man versucht zu sagen. Auf den zwei unteren Etagen, die an der Außentreppe über separate seitliche Zugänge verfügen, sind die Rückseiten weit in den Hang getrieben; hier liegen die Nebenräume, die sich teilweise auf den großen Allraum im vorderen Abschnitt hin öffnen. Konstruktiv sind die Häuser, wie schon ihre Vorbilder in den Zwanzigern, keine Serienprodukte, sondern Mauerwerksbauten (aus Ziegel) mit Betondecken.

Dichte Packung am Steilhang: Zwischen Straße und Garten liegen zwei Geschosse

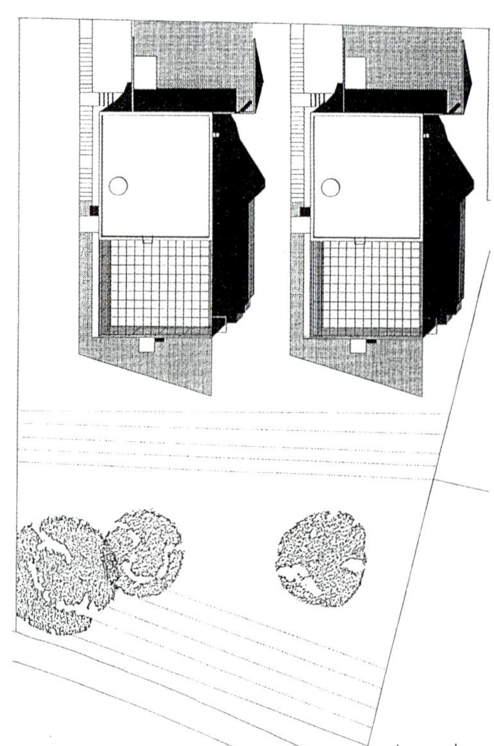

Lageplan

Die Treppe folgt dem
Hang und erschließt die
unteren zwei Ebenen

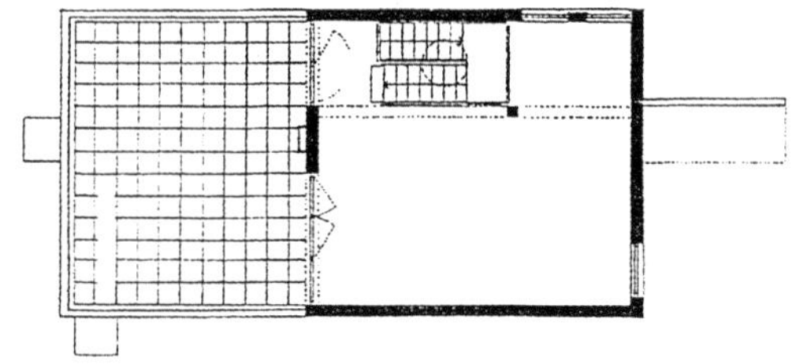

Ebene 1

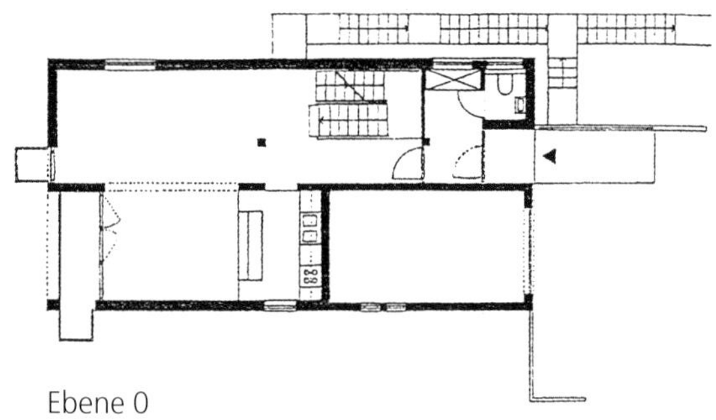

Ebene 0

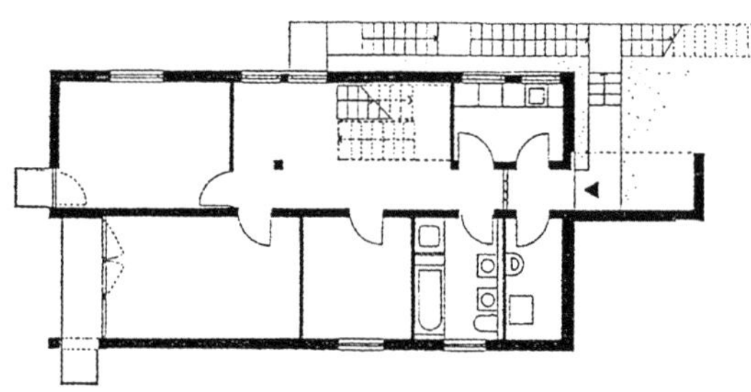

Ebene -1

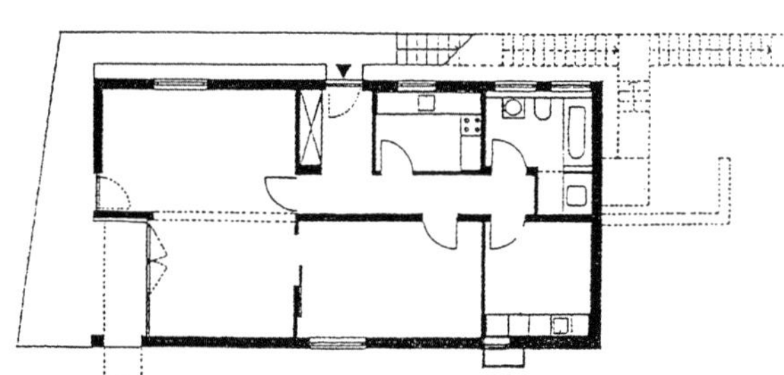

Ebene -2

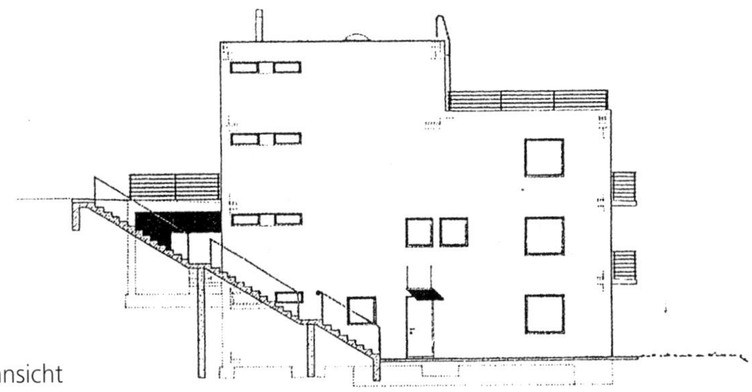

Schnittansicht

Klassisch moderne Details wie die Balkon-Reling (links) lassen an Dampfer denken; auf der Straßenseite (oben) hat man dann festen Boden unter den Füßen

Planung: Berndt + Lorz, Astrid Berndt, Heinz Lorz, Frankfurt am Main
Bauherren: privat
Konstruktion: Massivbau
Größe: je 250 m² Wohnfläche
Fertigstellung: 1993
Standort: Taunusstraße 46, Schmitten-Arnoldshain

Riegel und Rundung

Einfamilienhaus mit Einliegerwohnung in Grasellenbach (D)
Architekten: P. Karle / R. Buxbaum, Darmstadt

Quer zum Hang stehend und klar zoniert, fügt sich dieses große Haus mit seinen Holzelementen in die bewaldete Silhouette des Odenwaldes.

Das Gebäude befindet sich am Fuß der Tromm bei Fürth im Odenwald in außerordentlich reizvoller Lage, umgeben von Weiden und Streuobstwiesen. Über geschosshohe, großformatige Fenster und Fenstertüren wird diese Umgebung in den Wohnraum einbezogen. Die Horizontalität des Baukörpers wird durch die Bänderung der Fassade und das weit auskragende Pultdach noch betont. Dennoch wirkt die Baumasse auf ihrem Sockel recht mächtig – dies unterstreicht auch das als massive »Bastion« vorgeschobene Gartenhaus mit Terrasse.

Wie an der Straßenfassade ablesbar, liegen hier die Nebenräume und Treppen. Der übrige Wohnraum ist entsprechend den konstruktiven Schotten (es handelt sich um einen Ziegel-Massivbau mit Betondecken), doch weitgehend durchlässig gegliedert, ein Niveauversatz und eine Schlafgalerie schaffen fließende Übergänge. Markant und für den Wohnraum prägend ist der über zwei Geschosse reichende Erker an der Südseite des Gebäudes. Als gerahmte Landschaft ist er fest verglast.

Während die Hauptwohnung durch die Staffelung der Baumasse über großzügige Terrassen verfügt, hat die Einliegerwohnung im Untergeschoss direkten Zugang zum Garten.

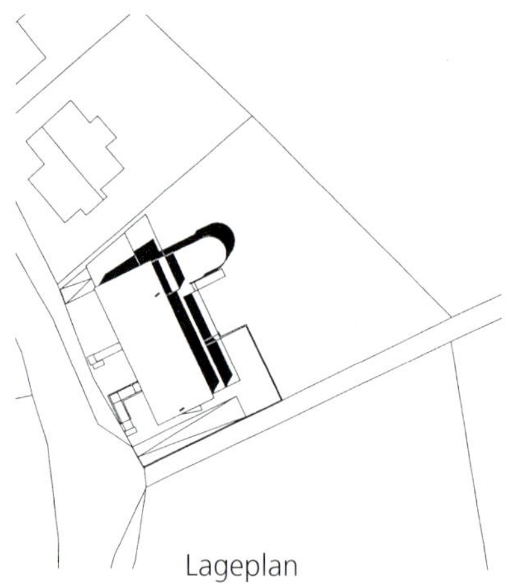

Lageplan

Abgesetzt: Ein Steg führt von der Straße zum Haupteingang

Erst auf der Talseite ist die Größe des Hauses erkennbar

Auf der schmalen Südseite holt ein geschosshoher Erker auf zwei Ebenen Sonne und Landschaft ins Haus

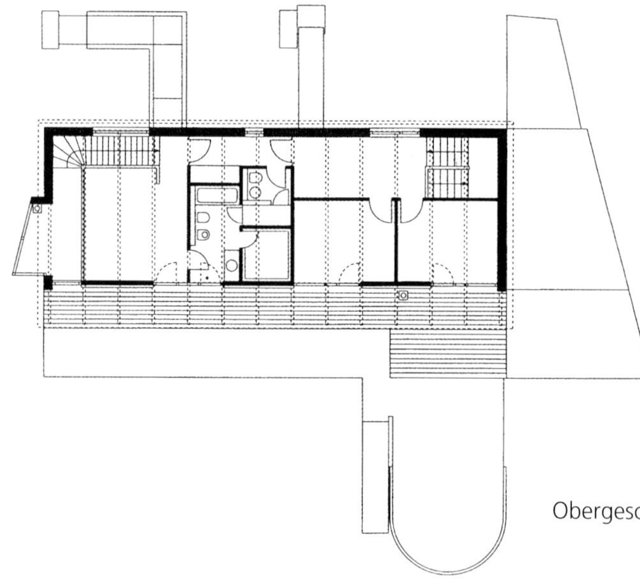

Obergeschoss

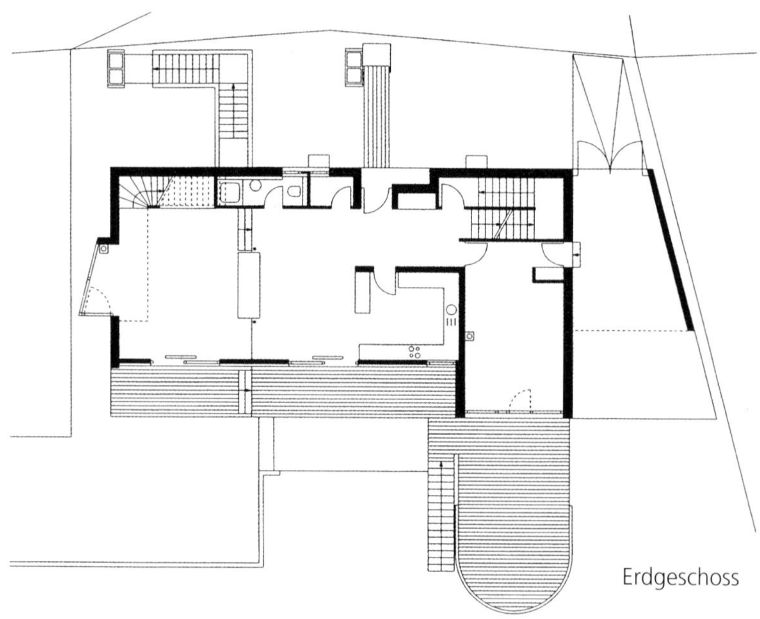

Erdgeschoss

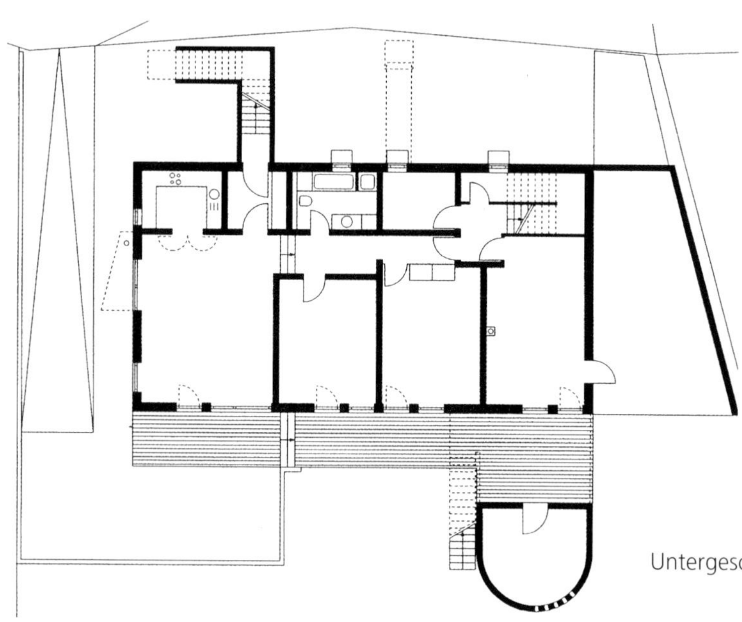

Untergeschoss

Blick von Südosten

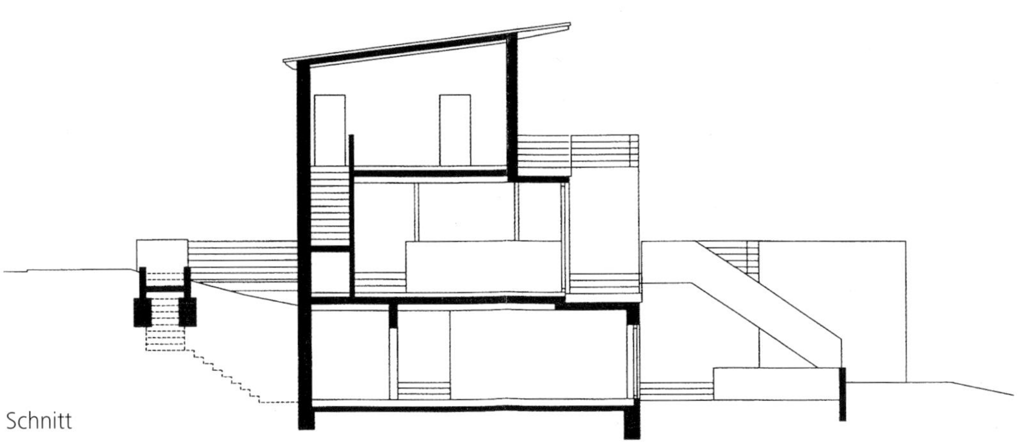

Schnitt

Holzelemente
stellen Bezüge zur
Landschaft her

Der große, teilweise
zweistöckige Wohn-
raum hinter dem Erker

Planung:
Peter Karle, Ramona
Buxbaum, Darmstadt
Tragwerksplanung:
Kinkel + Partner, Neu-Isenburg
Bauherr:
Horst Bauer, Fürth i. O.
Konstruktion:
verputztes Mauerwerk mit
hölzernem Staffelgeschoss
Baukosten: keine Angaben
Fertigstellung: August 1998
Standort:
Trommstraße 162, Grasellen-
bach, Ober-Scharbach

Haus im Weinberg

Einfamilienhaus in Remseck-Hochberg (D)
Architekten: Körner + Stotz, Stuttgart

Sockel und Gewölbekeller seines kleineren Vorgängerbaus tragen dieses leichte Holzhaus in einem schwäbischen Weinberg. Alt und Neu bilden so einen reizvollen Kontrast.

Der schlichte, von zwei gegeneinander versetzten Pultdächern gedeckte Baukörper ragt über den restaurierten Natursteinsockel vorn und hinten deutlich hinaus. Schlanke Stahlstützen und -träger fangen die Last ab und schaffen eine klare »Schattenfuge«. Das neue Treppenhaus mit dem Hauseingang ist seitlich angefügt. So entsteht ein klar gegliederter Grundriss mit den Wohnräumen im Süden und überwiegend dienenden Räumen im Norden. Um den deutlich höher gelegenen Garten mit seinem geschützten Sitzplatz in die Wohnräume einzubeziehen, liegt die »Beletage« im Dachgeschoss; ein leichter Stahlsteg führt von hier hinüber zur Terrasse. Der Hauptwohnraum mit zentralem Kamin und angegliederter Küchenzone weitet sich zum Dachraum, wo Fenster im Dachversatz zusätzliches Licht herein- und die (in einem Weinberghaus gewiss entstehende) sommerliche Hitze hinauslassen.
Den Kindern gehört das mittlere Geschoss, während im alten, niedrigen Sockel die Eltern schlafen – dort wurde mit schwarzem Natursteinboden und gläsernem Badausbau auch ästhetisch ein kühles Ambiente geschaffen. Der im Hang dahinter liegende Gewölbekeller dient in restaurierter Form weiterhin als imposanter Lagerraum.
Zwei alte Natursteinmauern wurden hinter dem Haus in die Freiraumgestaltung einbezogen.

Rechts:
Neues Haus auf altem Sockel: Blick von Süden

Nach Norden hin ist die Dachlandschaft differenziert; ein Steg führt in den Garten

Der Steg und der »Graben« hinterm Haus

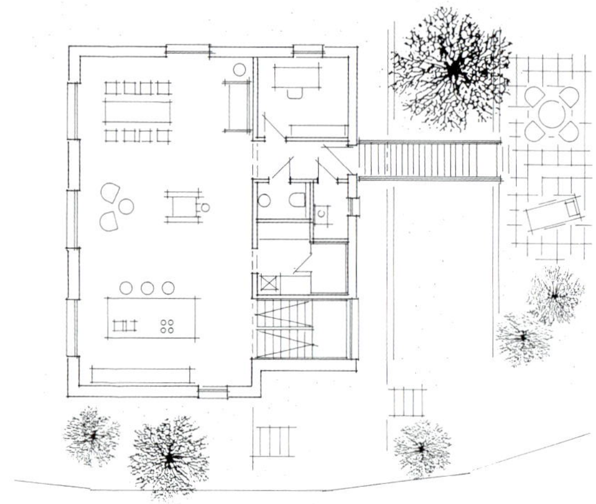

Dachgeschoss

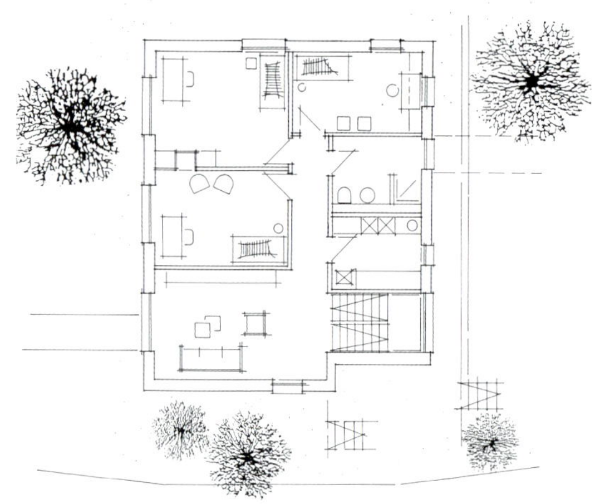

Obergeschoss

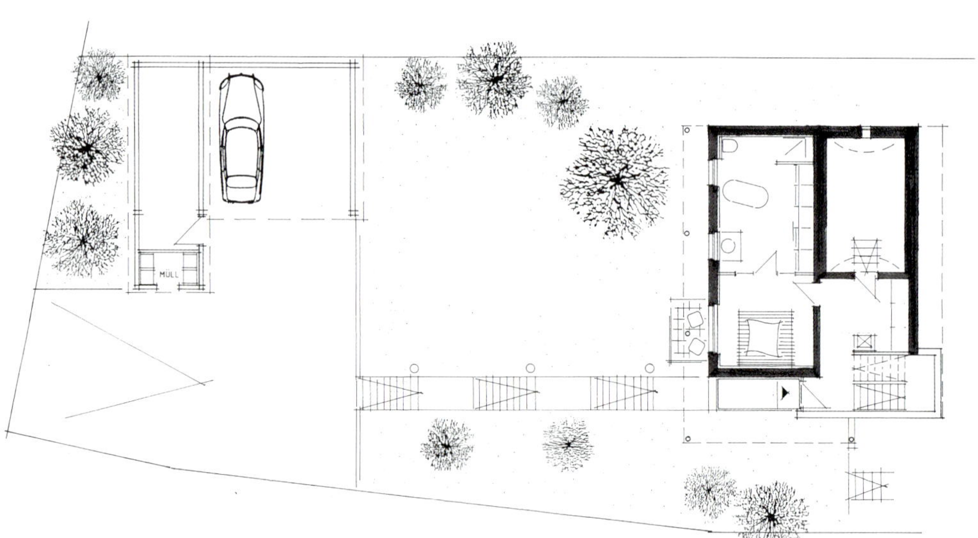

Hanggeschoss

Der »Vorsprung« des neuen vor dem alten Haus bildet eine interessante Schattenfuge

Schnitt

Das Wohngeschoss unter dem Dach

Elternschlafzimmer im renovierten Sockel

Gegenblick: Wohnraum
mit offener Küche

Das »kühle« Bad im
Sockelgeschoss

Planung: Körner + Stotz, Architekten, Stuttgart
Bauherr: Familie Seiberth
Konstruktion:
Holzständerbauweise auf altem Kellergewölbe
Baukosten:
600 000 DM / 225 m^2 Wohnfläche
Fertigstellung:
Dezember 1998
Standort: Bergstraße 3, Remseck-Hochberg

Ökologie der Landschaft

Einfamilienhaus in Ramlinsburg (CH)
Architekten: Architekturbüro Peter Baeriswyl, Basel

Ein ehemaliges Bauerndorf, ein Weiler eher, wurde hier durch ein Holzhaus im bewegten Gelände ergänzt – rücksichtsvoll und zugleich klar und selbstbewusst fügt es sich in die Umgebung ein.

In der dicht besiedelten Schweiz bekommen dank der Mobilität der Bevölkerung inzwischen selbst kleine, abgelegene Ortschaften den Siedlungsdruck der Ballungsräume zu spüren. Gegen das Einerlei der Vorstadtbauweisen gilt es hier, eine neue, angepasste Architektursprache zu entwickeln, die ohne falsche Idyllik das Milieu erhält, das für viele Städter den Reiz des Landlebens ausmacht – keine leichte Aufgabe für Architekten.

Alternative Erwägungen standen deshalb für die junge Baufamilie am Anfang: Drei Architekturbüros aus der Region wurden zu einem kleinen Wettbewerb aufgefordert. Das einfache, in Dachform und Freiraumbezug dem Terrain folgende Konzept des Büros Baeriswyl hatte auch die engen Bauvorschriften zu beachten: So durfte beispielsweise nur ein Vollgeschoss realisiert werden.

Vorschrift: nur ein Vollgeschoss – Blick von der Talseite

Die ruhige Form und die Lärchenholzverschalung des Baukörpers, der weite Dachüberstand im Süden, das alles erinnert an die benachbarten Bauernhöfe, ist aber neu und im Hinblick auf Energie- und Kosteneffizienz interpretiert. So folgt das an einem Südhang gelegene Haus selbstverständlich den Prinzipien passiver Solarenergienutzung: große Öffnungen im Süden, minimale im Norden. Als große Speichermasse dient die massive, schwarz gespachtelte Kellerdecke.

Oberhalb des betonierten Kellers ist das Haus komplett aus Holz konstruiert, doch nicht auf traditionelle Art: Der Großteil der Wände, innen wie außen, wurde aus neuartigen, aus Seitenbrettern verleimten Modulsteinen zusammengesteckt (16 cm breit und in der Regel 48 cm lang), die leicht zu transportieren, stabil zu verbinden und mit Zelluloseflocken zu dämmen sind. Dieses Modulmuster, das durch passende Elemente für Tür- und Fensterstürze ergänzt wird, blieb im Inneren an vielen Stellen sichtbar, die Oberflächen wurden lediglich geölt. Außen schließt sich eine zusätzliche Dämmschicht an, auf welche die Luftdichtigkeitsfolie aufgebracht wurde; die unbehandelte Holzschalung bildet den Wetterschutz. Deren Vergrauung kalkulieren die weiteren Elemente der Außenhaut bereits ein: Grau gestrichene Holzwerkstoffplatten verkleiden die Gaupen und Eckpfosten; leichte, verzinkte Stahlkonstruktionen für Balkon und Sonnenschutz formen eine zweite Schicht.

Die Ausstattung des großen Allraums im Inneren ist von schlichter Eleganz: die intensive Farbe des Küchenblocks kontrastiert mit den blassen Tönen von Holzwänden und Putzoberflächen.

Der Heizenergiebedarf des kompakten Hauses unterschreitet die kantonalen Vorgaben um mehr als die Hälfte, hinter der breiten Dachgaupe versteckte Solarkollektoren sorgen für warmes Wasser.

Doch auch dieses in technischer wie ästhetischer Hinsicht ökologische Haus wird an diesem Ort weite Wege mit dem Auto nötig machen.

Wenn mit der elektronischen »Revolution« die Arbeit mehr und mehr in die eigenen vier Wände zurückkehrt und so das umweltverschleißende Pendeln entfällt, wird der Siedlungsdruck auf noch unverbaute Standorte im ländlichen Raum weiter zunehmen. Angepasstes Bauen wie in diesem Beispiel wird dann noch wichtiger werden – damit die Sehnsucht nach der heilen Welt nicht eben diese zerstört.

Bei der Wahl der grauen Materialien wurde die spätere Patina des Holzes mit einkalkuliert

Die Dachform ist differenziert: ein langer flacherer Anlauf vom Tal, auf der Hangseite kein Überstand

Die Steckbausteine der Außenwand im Bauzustand

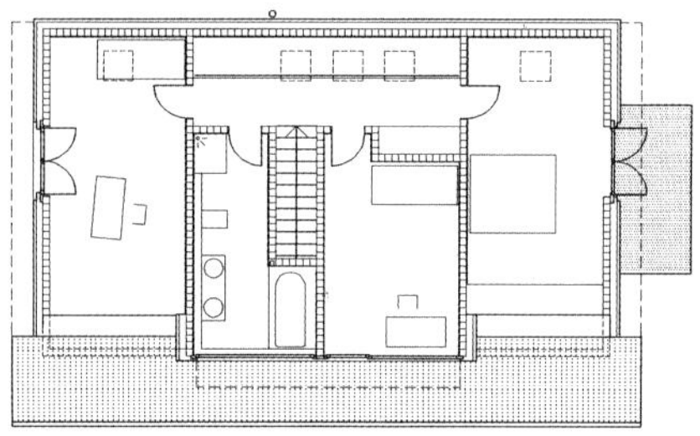

Obergeschoss

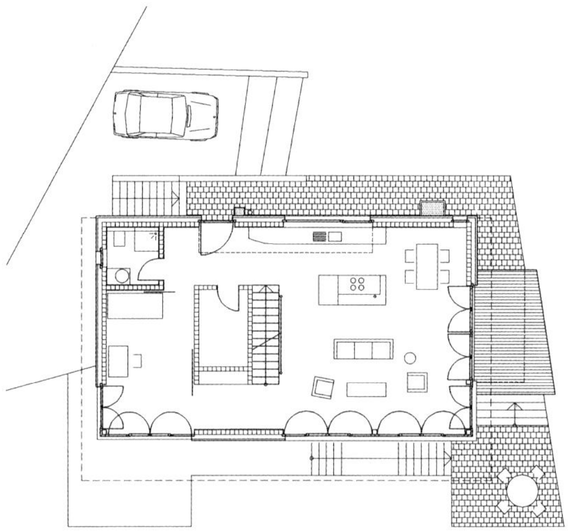

Erdgeschoss

Das Interieur im fertigen Zustand

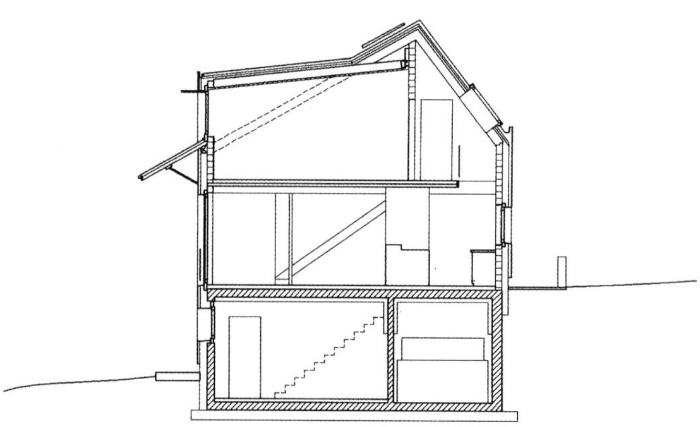

Schnitt

Das kompakte Haus wird vom Hang her erschlossen

Planung:
Architekturbüro Peter Baeriswyl, Basel; verantwortlicher Architekt: Stefan Spichty
Energieberatung:
Andreas Furler, Ziefen
Bauherren:
Stephanie Oetterli Lüthi, Roland Lüthi, Riehen
Konstruktion: Holzbau auf massivem Kellergeschoss
Baukosten: keine Angaben
Fertigstellung: 2000
Standort:
Ramlinsburg (BL), bei Liestal

Haus im Hang

Einfamilienhaus mit Einliegerwohnung in Freiburg (D)
Architekt: Günter Erny, Rust

Ein klassischer Querriegel begrenzt mit seiner kompakten, klaren Form den mit alten Obstbäumen bestandenen Südhang. Obwohl ursprünglich als Doppelhaushälfte geplant, steht das Haus doch auch gut für sich allein.

Die schlichte Erscheinung des Hauses ist nicht nur ästhetisch vorteilhaft. Vielmehr wurde das Haus konsequent als Niedrigenergiehaus nach baubiologischen Kriterien geplant, wovon das sehr gute A/V-Verhältnis des Baukörpers und die unbehandelten Holzbauteile nur die sichtbarsten Aspekte sind.
Die in den Hang geschobene U-Form aus Stahlbeton wurde an den Giebelseiten hochgezogen und ermöglicht so die Aussteifung der dreigeschossigen Konstruktion sowie den Brandschutz gegenüber einem eventuellen Anbau einer zweiten Wohneinheit. Die Breitseiten nach Süden und zum Garten im Norden konnten so in Holzständerbauweise (Rastermaß 1,25 m/62,5 cm) errichtet und mit Fichten-Dreischichtplatten verkleidet werden, was eine reizvolle Spannung von warm und kalt, offen und geschlossen aufbaut – und im Übrigen ein ehrliches Bekenntnis zur aufwendigen Hangbebauung ablegt: Man bekommt durch die hochgezogenen Schotten das Gefühl vermittelt, das vergleichsweise hohe und schmale Haus sei gut abgestützt.

Die Grundrisse im Inneren des Quaders sind klar nord-süd-zoniert. Nur im Hauptwohngeschoss ist der Raum in Gänze durchlässig gehalten, bis auf wenige Stützen der sichtbar belassenen Konstruktion und die querliegende Treppe ins Dachgeschoss, in welches der hohe Dachraum einbezogen ist. Das ebenfalls bewohnte Hanggeschoss vermittelt die typische Höhlenform.
Das südorientierte Satteldach ist für die Installation einer Solaranlage vorbereitet. Bislang sorgt ein Brennwertkessel für Wärme – der Heizenergiekennwert liegt bei 54 kWh/m²a. Zu diesem niedrigen Wert tragen die thermische Abtrennung der Balkon- und Vordachkonstruktion, die Wärmeschutzverglasung der durchgängig verwendeten Fenstertüren aus Zedernholz, die starke Zellulosedämmung und die kontrollierte Be- und Entlüftung der Bäder und Küchen über einen Erdspeicher bei. Eine Regenwasser-Zisterne senkt den Trinkwasserverbrauch. Auf chemischen Holzschutz und die Verwendung von Bauschäumen hat man verzichtet.

Die zweigeschossige Hangseite

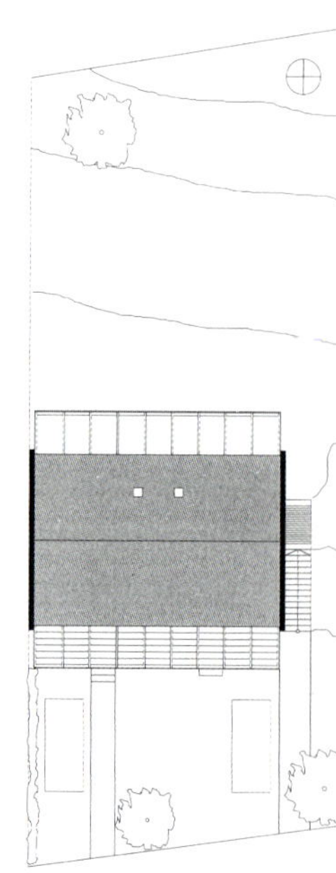

Lageplan

Die Einliegerwohnung ist nur zur Talseite orientiert; die Hauptebenen werden von der Giebelseite erschlossen

Die nicht tragenden Holzfassaden konnten unregelmäßig durchbrochen werden

Der vor die Südfassade gesetzte Sonnenschutz

Deckung und Ausblick: die geschützte Veranda auf der Talseite

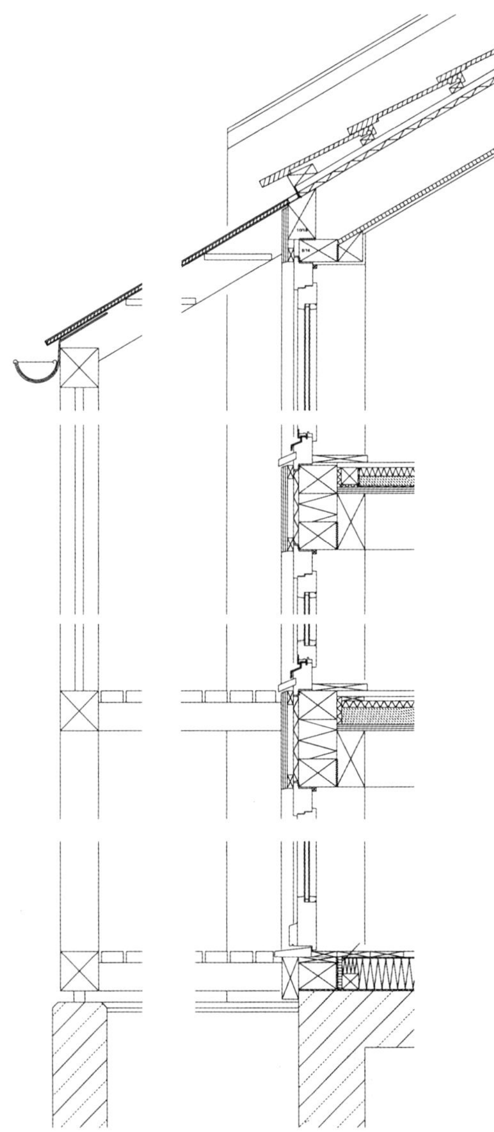

Fassadenschnitt Südseite

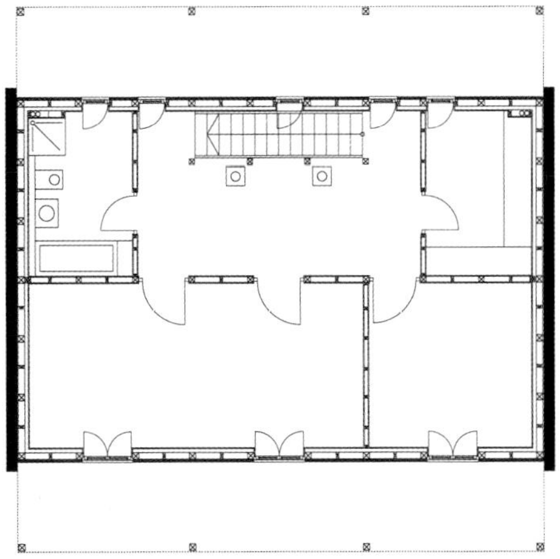

Obergeschoss

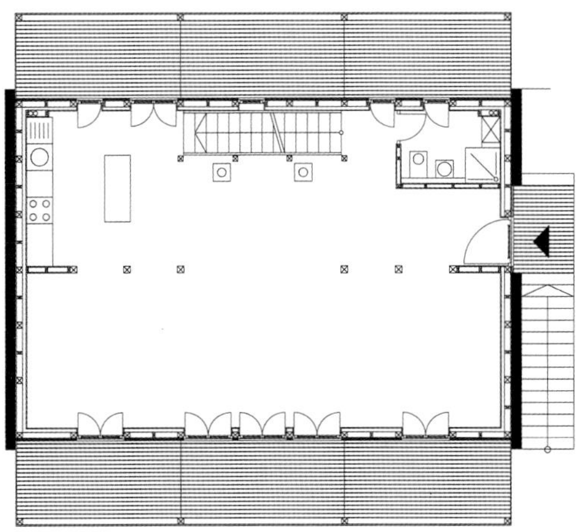

Erdgeschoss

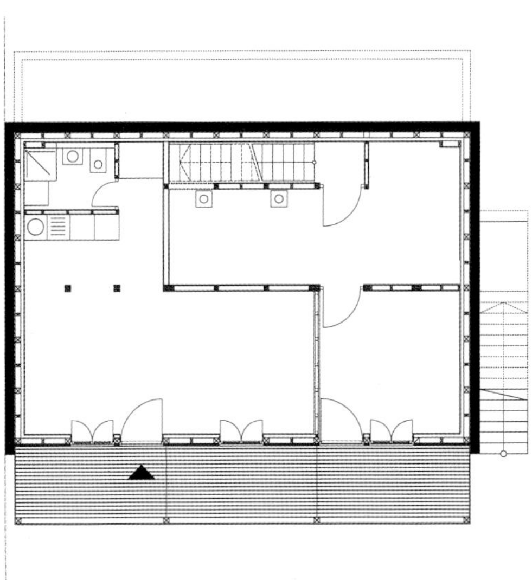

Untergeschoss

Harte Schale:
Die betonierten Flanken stützen das Haus gegen die Hangkräfte

Planung: Günter Erny, seit 1999 in Erny + Herzog, Rust
Bauherren: Alexandra Steinle-Steinborn und Thilo Steinborn
Konstruktion: Holzständerbau in U-förmigem Betonsockel
Baukosten: 465 000 DM / 186 m² Wohnfläche
Fertigstellung: 1996
Standort: Leinhaldenweg 10, Freiburg-Zähringen

Giebel mit Rucksack

Einfamilienhaus in Hanweiler (D)
Architekt: Gerd Gassmann, Karlsruhe

Das steile Gefälle eines Hangs in einem Haus derart zu verarbeiten, dass es über Treppen und Versätze erlebbar bleibt, und zugleich dem Ganzen eine ruhige, kompakte Form zu geben – dieser Spagat ist hier geglückt.

Oberhalb eines kleinen Weilers im Schwäbischen gelegen, bot das steile und beengte Terrain freie Sicht nach Süden, über die Nachbarbebauung hinweg. Das Haus ist daher klar zoniert: Ein Massivbau im Norden riegelt gleichsam den Hang ab und nimmt alle Nebenräume auf, das Holzhaus auf der Talseite ist so vom Hangdruck befreit und präsentiert sich mit symmetrischem Giebel – Urbild eines Hauses, wie es jedes Kind skizziert. Während die Giebel bis auf die Eingänge und einen schräg vorspringenden Glaserker geschlossen sind, öffnet sich die Südseite über die gesamte Breite mit Fenstertüren und Festverglasung.

Doch der klare äußere Aufbau verbirgt eine differenzierte Schichtung der Räume im Inneren. Das geringere Gefälle in Längsrichtung wird hier benutzt, um das schmale lange Haupthaus als Splitlevel zu gliedern, mit einer offenen Treppe als Teil der Wohnlandschaft.

Nur bei aufgrund der Enge kaum möglicher Betrachtung von Süden ist dieser Versatz ablesbar (eine kleine Stahltreppe verbindet die Niveaus auf dem vorgehängten Balkon). Auf der Nordseite überspielt ein Fensterband den Versatz. Zusätzlich wird die starre Außenform durch schräg gestellte Wände konterkariert: Der lange Flur im Eingangsgeschoss wirkt auf diese Weise kürzer.

Die Hanglage wurde benutzt, um den Bewohnern jeder Ebene einen Ausgang ins Freie zu verschaffen. Hinter dem Haus sind mehrere Terrassen direkt oder über einen Steg zugänglich, die Südseite ist auf und unter dem Balkon mittlerweile zur lauschigen Weinlaube geworden – ein vergleichsweise kleines Haus von erstaunlicher Offenheit und Großzügigkeit im Inneren.

Die bereits völlig eingewachsene Talseite

Die Hangseite mit dem »Rucksack« aus Nebenräumen

Die offene Küche mit
Ausgang in den Tiefhof

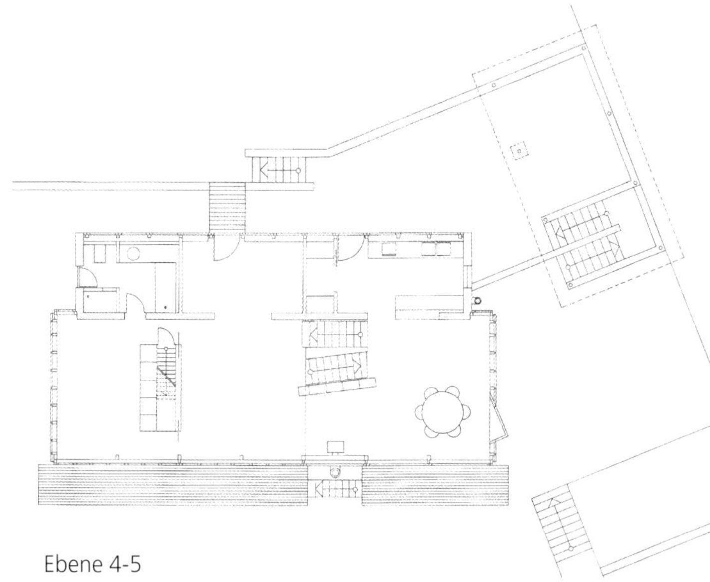

Ebene 4-5

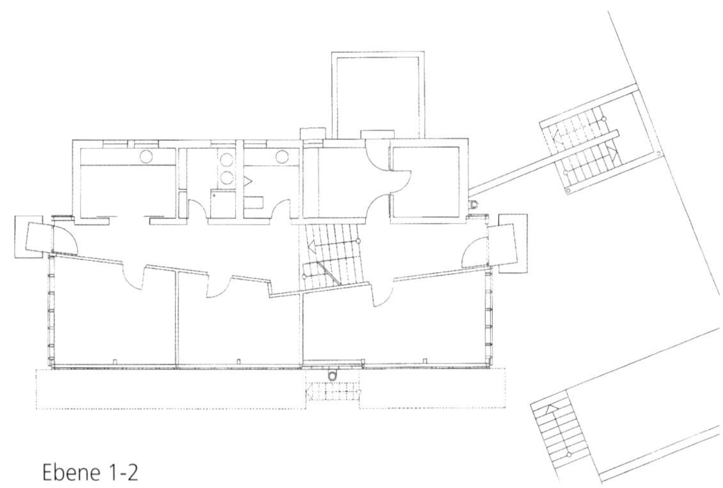

Ebene 1-2

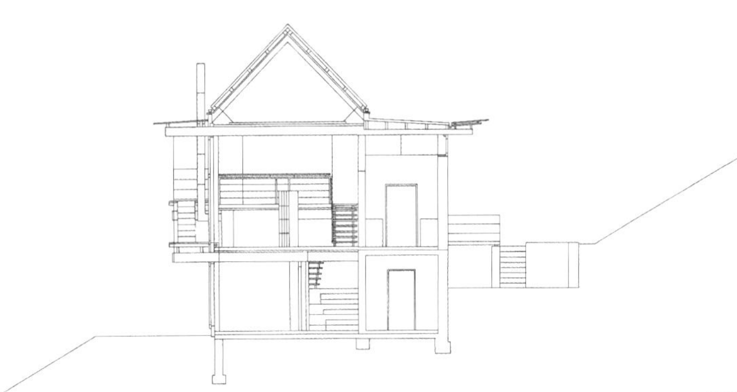

Schnitt

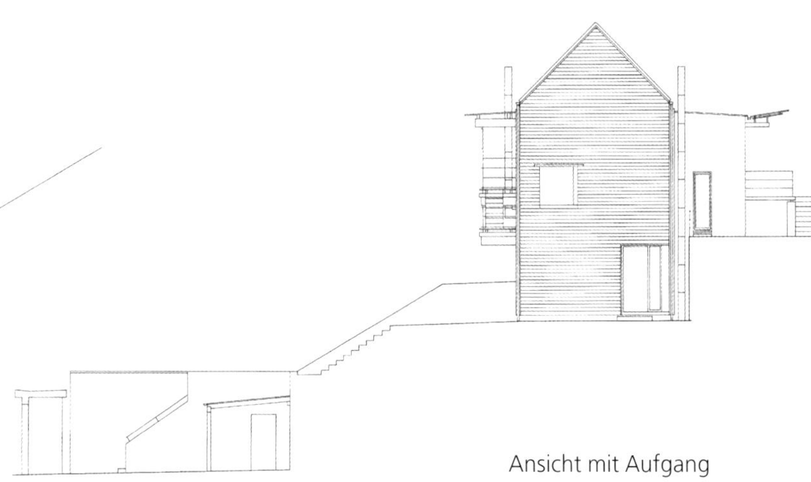

Ansicht mit Aufgang

Der Höhenversatz in Längsrichtung gewährt innere Ausblicke: hier der Essplatz

Der Wohnraum öffnet sich zur Laube

Der zur Weinlaube gewordene Balkon

Planung:
Gerd Gassmann, Karlsruhe
Bauherr: Familie Dieterich
Konstruktion: Holz / Massivbau
Baukosten:
keine Angaben
Fertigstellung: 1996
Standort: Weinstraße 26, Hanweiler

Zwei Kisten auf Kufen

Einfamilienhaus in Gipf-Oberfrick (CH)
Architekten: Bäumlin + John, Frick

Zugegeben, manche Leute halten es noch immer für eine Seilbahnstation. Doch das Haus dieses Architekten ist in seiner Konsequenz verblüffend: Als »Box House« sollte es ursprünglich von einem Kran einfach abgesetzt werden – und ebenso rasch einmal wieder verschwinden können. Nun, da es dafür doch etwas zu groß geworden ist, bleibt es immer noch ein hocheffizientes Ding, das die Landschaft auf die Dauer auch nicht mehr stört als viele gewöhnliche Häuser.

Das Gebäudevolumen liegt auf dem unversehrten Abhang. Es wurde deshalb optisch nicht in den Berg eingepflanzt, sondern nur schnell darauf abgelegt. So macht es aus einem verbreiteten Übel eine Anekdote: der rein bodenspekulativen, formal willkürlichen Platzierung heutiger Durchschnitts-Einfamilienhäuser in der Landschaft.
Die möglicherweise als Provokation verstandene Schieflage und der Umgang mit der Idee des reversiblen Hauses bieten, gestalterisch gesehen, allerdings viele neue Möglichkeiten. So entsteht ein terrassenartig gegliederter Innenraum mit interessanten Durch- und Ausblicken. Außerdem bleibt die natürliche Hangneigung auch im Inneren ständig präsent.

Die Leichtbauweise machte große Öffnungen möglich und bot viele Hohlräume für technische Installationen. Damit sind zwei wichtige Ideen des Hauses angesprochen: die Durchlässigkeit und die Möglichkeit, die gebäudetechnischen Vorgänge möglichst zu automatisieren.
Als logische Folge der architektonischen Idee wurde eine vorfabrizierte Bauweise gewählt, eine Holzständer-Konstruktion, kombiniert mit großflächigen Stahlrahmen, ergänzt durch eine hinterlüftete Holzverkleidung und Glasfelder (Dreifachverglasung). Die streifenförmigen Fundamente erinnern an Kufen.
Durch den hohen Grad an Vorfertigung und intelligente Details wurde das Gebäude kostengünstig erstellt und verursacht nur geringe Betriebskosten. Die einfache Bauweise, der weitgehende Verzicht auf eine Gebäudeheizung und der offene Grundriss sollen dieser Anforderung entgegenkommen. Bei ca. 1 000 Kubikmeter Nutzvolumen und Gebäudekosten von unter 450 sFr / m^2 bleibt das Haus auch später noch kostengünstig veränderbar.

Schräge Verhältnisse:
Die Container scheinen
abgerutscht

In die schräge Hülle sind versetzte Ebenen eingehängt

Das große Bauvolumen entstand ohne Eingriff in den Hangverlauf

Zwischen den zwei Boxen liegt der – senkrechte – Eingang

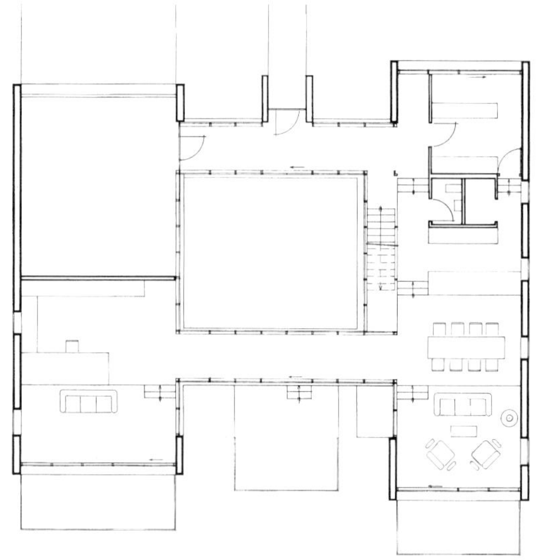

Erdgeschoss

Hier gewährt das Ensemble einen Durchblick auf die Landschaft

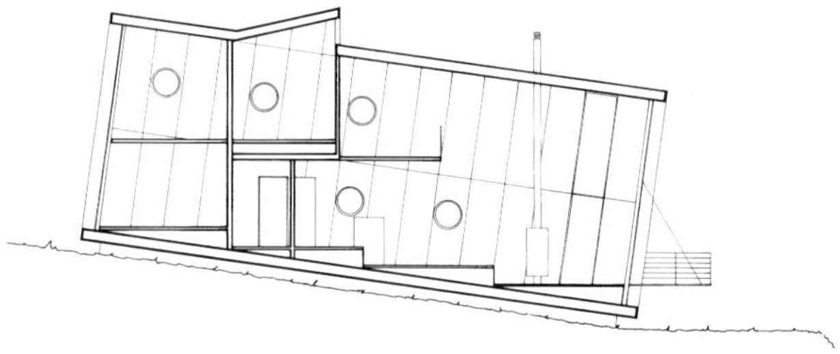

Schnitt Container

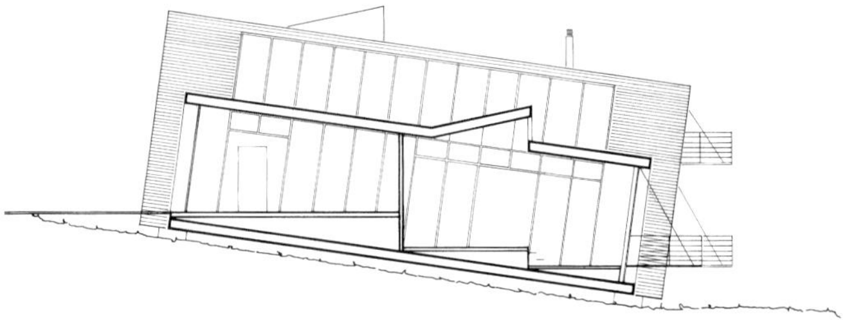

Schnitt Verbindungsbau

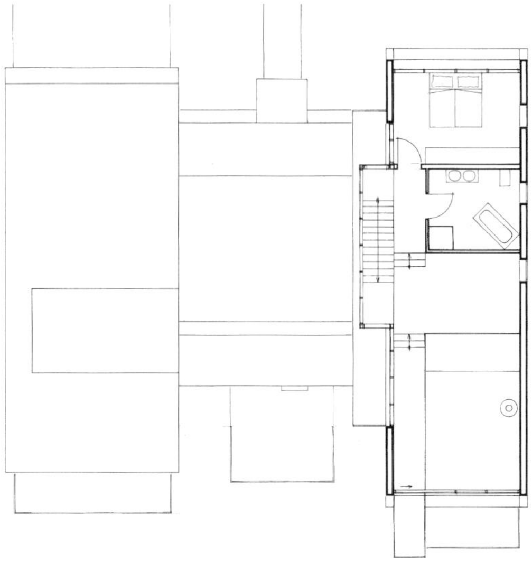

Obergeschoss

Verblüffende Offenheit und Weite im Inneren durch leichte eingehängte Stahlkonstruktionen

Planung:
Bäumlin + John, Frick
Projektleitung: René Bopp
Bauherr: Daniel John
Baukosten: 450 sFr / m²
Fertigstellung: 1999
Standort: Obere Egg, Gipf-Oberfrick

Leicht angedockt

Zwei Einfamilienhäuser in Weil im Schönbuch (D)
Architekt: Ingo Bucher-Beholz, Gaienhofen

Trotz einiger spektakulärer Beispiele moderner Architektur ist der Baustoff Stahl im Wohnhausbau bis heute selten. Dabei lässt sich gerade am Hang damit die größtmögliche Öffnung zur Talseite bewerkstelligen – wie diese zwei Häuser zeigen.

Ein steiler Südhang als neuer Ortsrand – diese besondere Chance nutzte der für seine filigranen Stahlhäuser bekannte Architekt hier für den besonders eindrucksvollen Beweis seines Könnens: Anstelle der im Bebauungsplan vorgesehenen massiven Doppelhausbebauung schuf er mit Hilfe zweier schmaler Einzelbaukörper eine zur Landschaft durchlässige Situation. Wie Pfahlbauten an einem Ufer ragen die zwei Giebelhäuser in den Freiraum vor und zerstören ihn nicht. Zwischen den »Fingern« wird die Landschaft zum intimen Gartenhof. An der oberhalb vorbeiführenden Straße bilden leichte Carports das Entrée.
Auf der Talseite sind die selbstverständlich auf Betonsockeln ruhenden Gebäude über drei Geschosse komplett verglast. Vorgehängte Stahlbalkone mit Gitterrosten dienen als »schwebende« Freisitze. Im Sommer schützen sie die Fassaden vor der intensiven Sonneneinstrahlung.
Das tragende Gerüst der inzwischen bereits an mehreren Standorten erprobten Konstruktion ist denkbar einfach (und daher kostengünstig): Es basiert auf einem Modul von 2 x 4 Metern und besteht aus handelsüblichen Profilen: Die Stützen aus Quadratrohr 70 x 70 mm, die Träger aus IPE 140 mit eingehängten Deckenelementen aus tragenden Holzdreischichtplatten. Die Stahlkonstruktion allein wiegt lediglich 22 kg pro Quadratmeter Wohnfläche.
Die Außenhaut aus hochgedämmten Holzelementen, in denen die Vertikalverbände verschwinden, und überwiegend rahmenloser Verglasung erfüllt alle bauphysikalischen Anforderungen. Vor allem aber wirkt sie dank feiner Details und ausgewogener Proportionen wirklich wie eine straffe, dünne Haut, die in den auch im Inneren offenen Räumen ein Leben in und mit der Landschaft ermöglicht.

Die filigrane Stahlkonstruktion erlaubt die Durchdringung von Innen- und Außenraum

Ausleger in den Landschaftsraum: Die Giebelhäuser ragen weit über die Hangkante hinaus

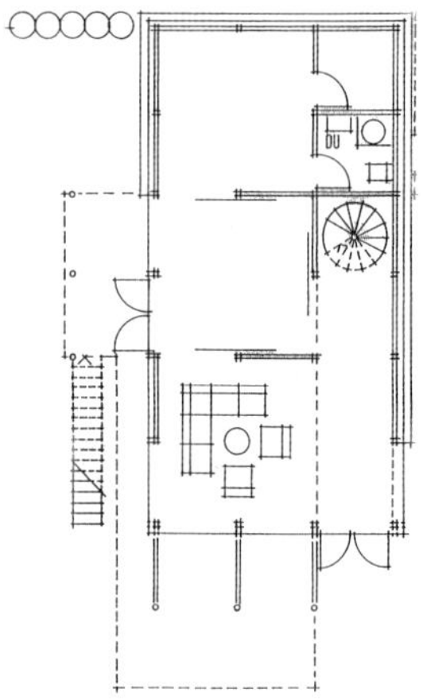

Untergeschoss

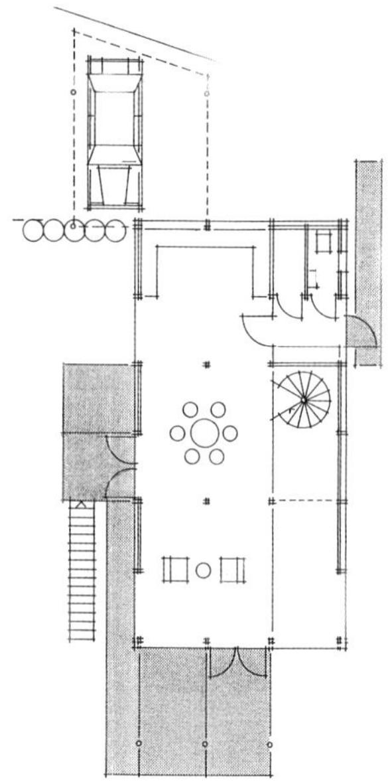

Erdgeschoss

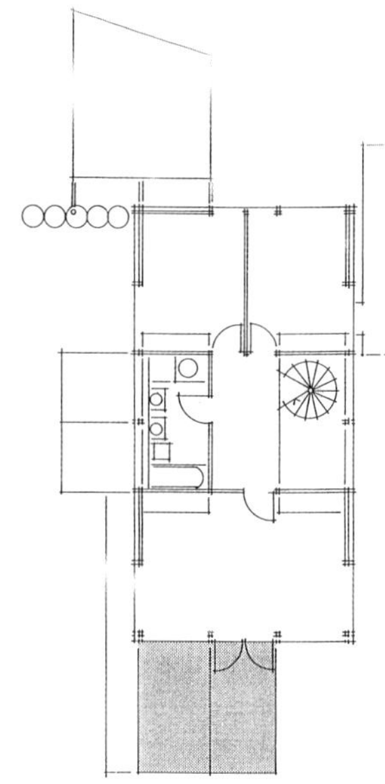

Obergeschoss

Das Dachgeschoss – hier die Galerie – erhält von der Giebelseite und von einem Fensterband unter der Traufe Licht

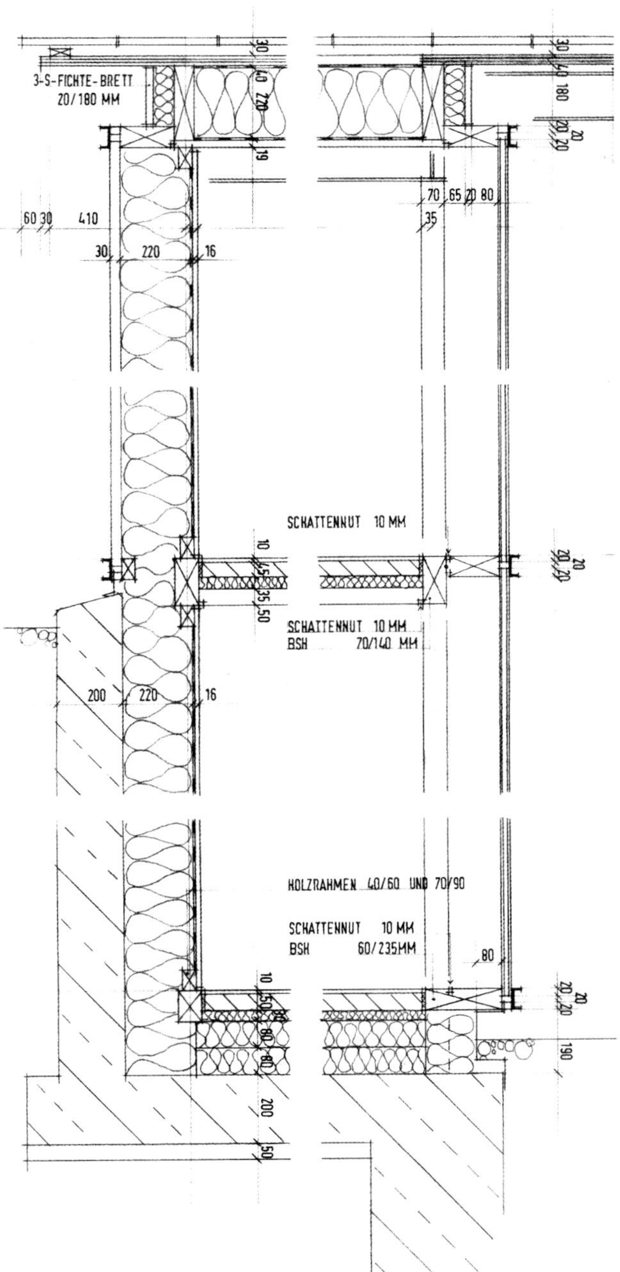

Fassadenschnitte

Das Stahlskelett im Bau

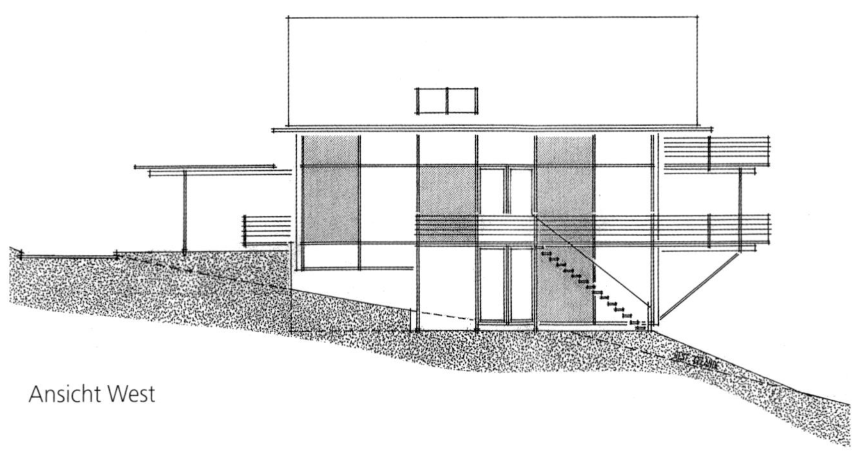

Ansicht West

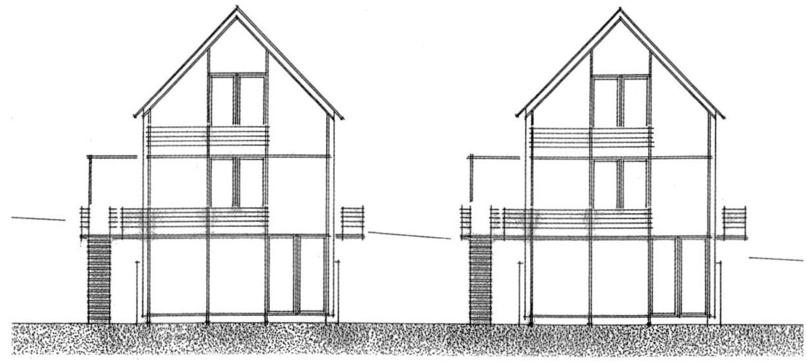

Ansicht Süd

Links:
Stahlbalkone sind von der Hauptkonstruktion abgehängt

Blickbezug zwischen
den Ebenen

Treppe zum
Obergeschoss

Das Schwesterprojekt
in Saulgau

Die Fassadenstruktur
bei Nacht

Planung: Ingo Bucher-Beholz, Gaienhofen
Mitarbeit: Axel Mörstedt
Bauherren: Helmut Franzen, Thomas Löffler
Konstruktion:
Stahlbau über Beton-Sockel
Baukosten:
1890 DM / m^2 Wohnfläche
Fertigstellung: 1998
Standort: Weil im Schönbuch

Transparenz überm See

Einfamilienhaus in Cully (CH)
Architekt: Martin Münzenmaier, Oberaach

In diesem Haus oberhalb des Genfer Sees erlaubt eine filigrane Konstruktion aus Stahl größtmögliche Öffnung und Leichtigkeit.

Der Kontrast zur schweren Erde des Weinbergs könnte nicht schärfer sein: Die nach Süden orientierten Räume des Hauses sind fast vollständig verglast, die Rahmenprofile der Fenster auf ein Minimum reduziert. Gefasst werden diese hochtransparenten Partien durch die klare Kontur des langen, quer zum Hang gestellten Satteldachhauses, dem als zweite Schicht, unter dem breiten Dachüberstand, leichte Decks vorgehängt sind. Die Giebel und die Hangseite bestehen aus Feldern mit horizontalen Lärchenholzlatten, in welche große Fensterflächen in einer Pfosten-Riegel-Konstruktion aus Eichenholz bündig eingefügt sind; die Festverglasung ist rahmenlos mittels Alu-Schienen angepresst – die ganze Hülle des Hauses erscheint so als straffe Membran.

Dieser Kontrast von warm und kalt setzt sich im Inneren fort. Dort ist die sichtbare Primärstruktur aus feuerverzinkten Stahl-Normprofilen, in die Decken und Stufen aus Holz sowie Wände aus Spanplatten eingefügt sind. Auch die Dachuntersicht liegt als eine solche Mischkonstruktion offen, auf dem Balkon sind durch Stahlsparren und Holzlatten hindurch sogar die Ziegel sichtbar. Der ganze Hausaufbau bleibt auf diese Weise nachvollziehbar.

Die Zonung der Grundrisse ist ebenso einfach: Die innere Erschließung ist ganz an die Nordseite gerückt, die einläufige Treppe liegt quer zum Hang in einem »Graben«, der die Verbindung der Ebenen auch optisch stets präsent hält. Alle Wohnräume sind von dort aus nach Süden orientiert, zumeist mit eigenem erhöhten Freisitz, nur aus dem bis zum Terrain hinab verglasten Elternschlafzimmer tritt man auf gewachsenen Grund.

Der Graben folgt einer über die Hausbreite ins Gelände führenden Stützmauer. Das als wasserdichte Wanne ausgeführte Untergeschoss tritt ansonsten nur auf der Talseite als schmaler Sockel zutage.

Ruhige Kontur, klare Details: das leichte Stahlhaus im Weinberg

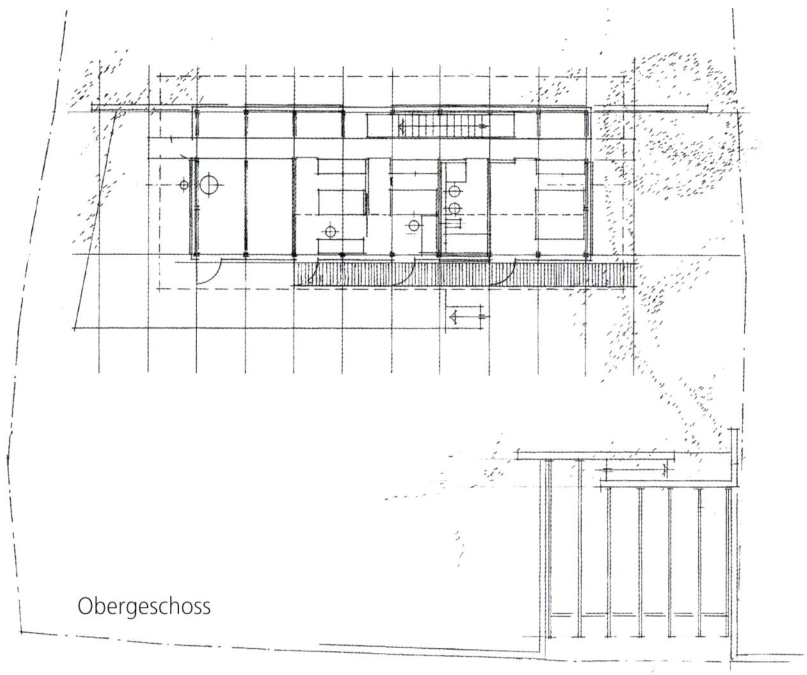

Obergeschoss

Sichtbare Konstruktion in Stahl und Holz auf dem Umgang

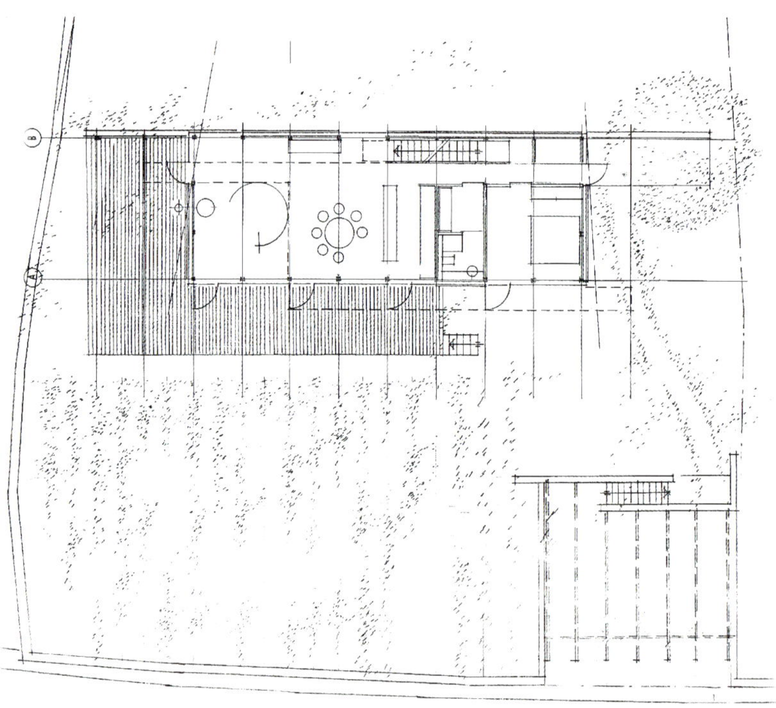

Erdgeschoss

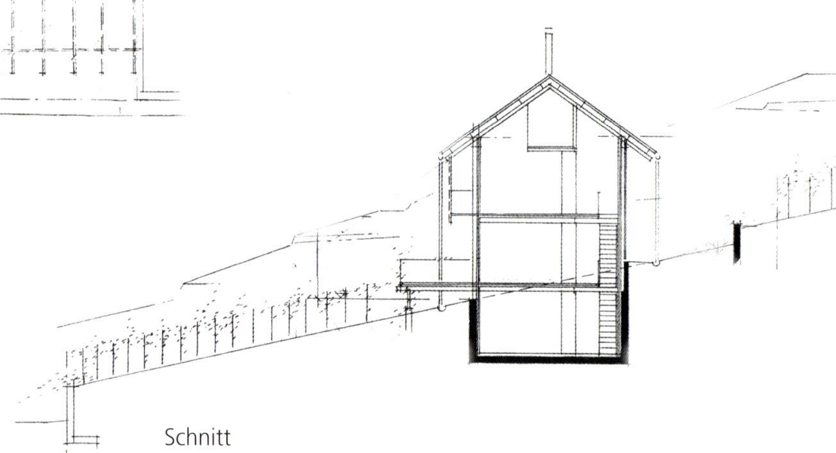

Schnitt

Kühnes Belvedere als
Endpunkt des Umgangs

Der Eingang an der
Stützmauer im Norden

Der Allraum im Erdgeschoss mit Bezug zum großen Deck über dem See

Der zum Dachraum offene Wohnbereich

Treppen und Flure verlaufen auf der Hangseite; hier im Dachgeschoss

Auch im Inneren bleibt die Konstruktion an vielen Stellen sichtbar: Flur im Erdgeschoss

Planung: Martin Münzenmaier, Oberaach (CH)
Bauherr: Markus und Luisa Münzenmaier
Konstruktion: Stahlskelett in Betonwanne, Holzfassadenelemente
Baukosten: 535 000 sFr / 190 m^2 Wohnfläche
Fertigstellung: 2000
Standort: Chemin des Colombaires, Cully (zwischen Lausanne und Montreux)

Kalifornischer Traum

Villa bei Grenoble (F)
Architekten: Hérault & Arnod, Grenoble

Der Sockel mit den Schlafräumen und das zur Stadt im Tal orientierte Deck

Auch wenn dieses Projekt im Lageplan wie eine Mondkapsel aussieht, ist es doch ein subtil aus dem natürlichen Kontext entwickelter, lichter Bau mit spektakulären Perspektiven. Gewiss wurde aus des Bauherrn vager Vision von einer West-Coast-Villa kein »mas dauphinois«, wie die Nachbarn und Behörden es hier als regionales Klischee gerne hätten.

Die Architekten bewiesen vielmehr großes Geschick darin, die widersprüchlichen Vorgaben in eine spannende Neuinterpretation und Überhöhung des Ortes umzudeuten.
Die drei Geschosse des Hauses – bei einer Wohnfläche von 360 Quadratmetern scheint eher der Begriff »Villa« angebracht – sind in drei deutlich voneinander getrennte Schichten übersetzt, die völlige statische Unabhängigkeit suggerieren. Wie zufällig lagert das »Erdgeschoss« auf dem geschwungen der Hügelkontur nachempfundenen (und die wertvollen alten Zedern schonenden) Sockel aus Bruchsteinen, in dem neben der Garage und Technikräumen die Schlafräume der Familie untergebracht sind. Und wie aus heiterem Himmel durchschneidet der Keil des »Dachgeschosses« die gespreizte Schachtel dieses Erdgeschosses und ragt über dessen Rand.
Selbstverständlich sind diese Verschiebungen tektonisches Kalkül, die entstehenden Überschneidungen ergeben, zumindest über die Treppen, sinnvolle Zusammenhänge und großartige Räume. So drückt die Form des Erdgeschosses schon die wesentliche Geste des Hauses aus: Die Öffnung zum Blick nach Südwesten, auf Grenoble und die umgebenden Gebirge. Wie in einen Trichter strömen so Blicke und Licht herein, einzig die frei der Leitwand angelehnte, einläufige Treppe stellt sich in den Weg und lädt angesichts des Blicks zum Verweilen ein. Die oberen zwei Ebenen gehen so ineinander über. Im hervorragenden Keil ist die Bibliothek untergebracht, als Ausguck in den Baumwipfeln.
Die Offenheit der innen und außen verbindenden Decks und der nicht »übereinstimmenden« Grundrisse findet, auch konstruktiv, Halt in der weitgehend geschlossenen Ausformung des Rückens zur Straße im Norden. Hier befindet sich ein großes, nach außen erweitertes Schwimmbassin. Sockel, Decks und Rücken sind komplett aus Stahlbeton, lediglich die Deckung des Daches ist aus Blech.

Die Nordseite mit der Zufahrt

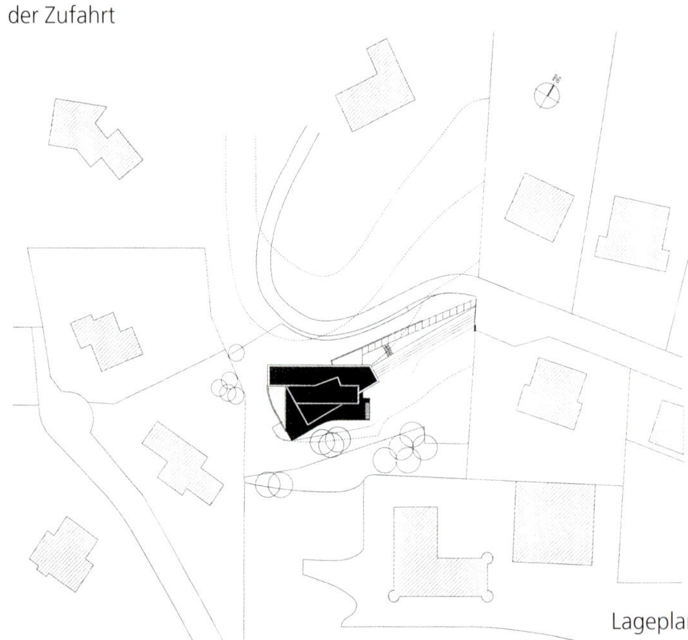

Lageplan

Modell

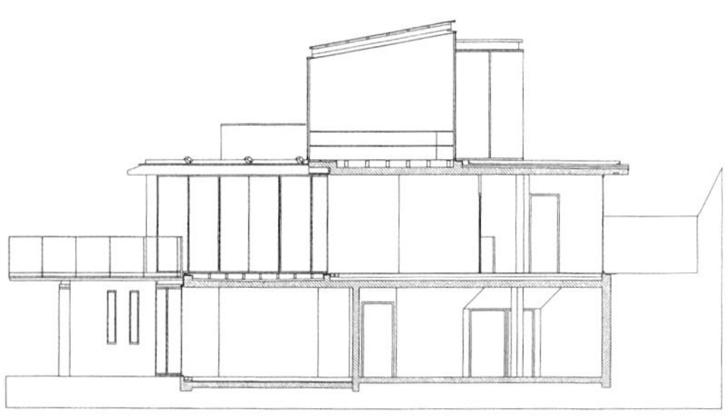

Querschnitt

Längsschnitt

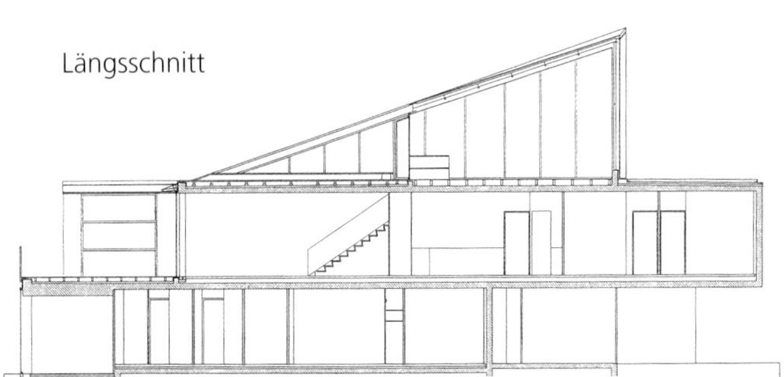

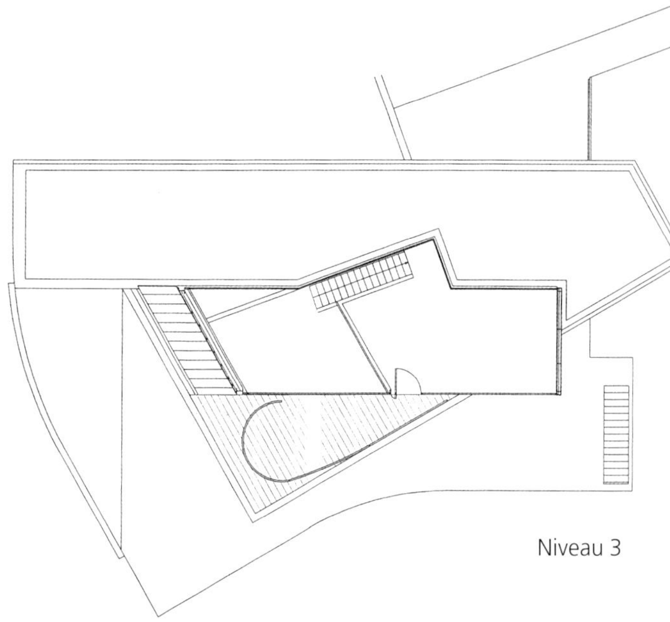

Niveau 3

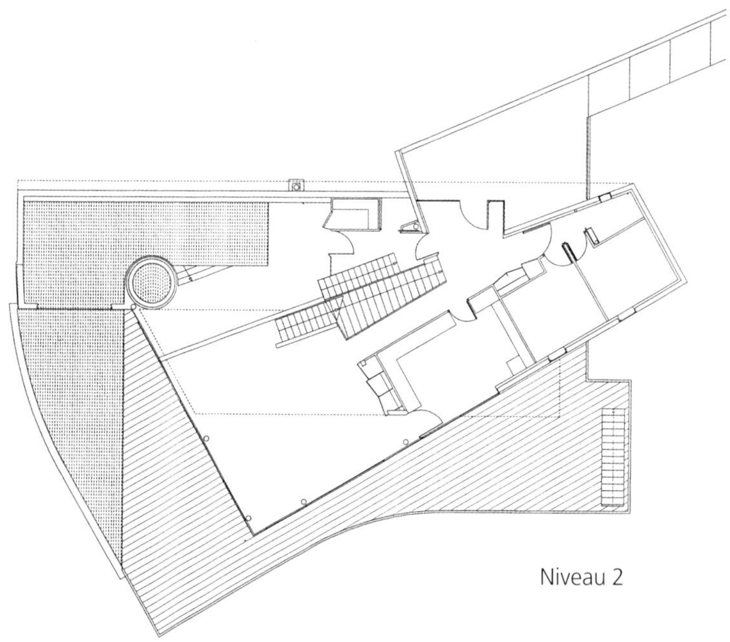

Niveau 2

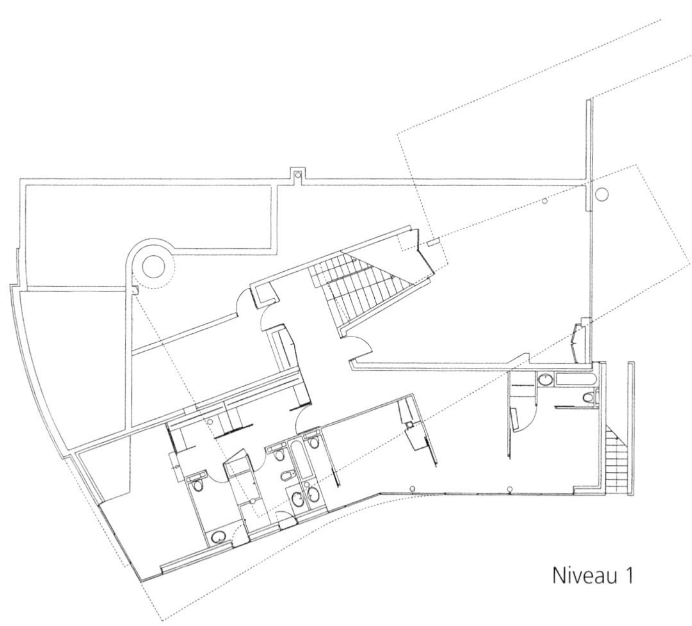

Niveau 1

Blick zurück
Richtung Berg

Die dynamischen
Linien fügen
sich gut in den
alten Kiefern-
bestand

Der Wohnraum
mit dem Aufgang
zur Bibliothek

Öffentlich und privat:
Aufgänge zum
Erdgeschoss

Am Schwimmbassin im
Sockelgeschoss

Planung:
Hérault & Arnod Architectes, Yves Arnod, Isabel Hérault
Bauherr: privat
Konstruktion: Naturstein, Stahlbeton verputzt, Glas, Kupferdachdeckung
Baukosten: 4 Mio FF ($360\ m^2$ Wohnfläche)
Fertigstellung: 1999
Standort:
Corenc bei Grenoble

Der luftige Hauptwohnraum vor Baumkulisse

Leichtigkeit und Weite

Villa in Lostorf (CH)
Architekten: Rolf Graf + Partner, Baden

Schlanke Konstruktionen am Hang scheinen die Schwerkraft außer Kraft zu setzen: Die weit über die Stützmauer auskragenden Plattformen und die filigranen Fassaden verleihen dieser Villa zeichenhafte Klarheit und Eleganz.

Das im Kern kompakte Haus für eine vierköpfige Familie wird durch Decks, Veranden und Terrassen geschickt erweitert. Markant treten die Deckenkanten aus der Fassade hervor und verschatten die Fensterfronten. So gelingt es, das große Volumen durch die Horizontalen in den Hang einzubetten.

Das nur mit Ausnahmebewilligung in dieser Form bebaubare Terrain wird von oben erschlossen. Unter der als eigenständiger Quader auf das Haus gesetzten Garage bildet eine Schicht aus Nebenräumen das Rückgrat des Hauses gegen den Hang. Auf Gartenniveau ist eine über fast die ganze Grundstücksbreite reichende Stützmauer gegen den Hang gesetzt. Auf ihr ruhen auch die zwei Hauptgeschosse: unten das breite Wohngeschoss mit weit vorspringenden Decks und seitlicher Erweiterung in den terrassierten Garten; darüber das schmaler zurückgesetzte Schlafgeschoss mit offener Dachterrasse. Den Eingang erreicht man über eine Brücke; von dort führt das von einem Oberlicht erhellte Treppenhaus in das Schlafgeschoss hinab. Von dort weitet sich der Weg im Verteiler-Raum zur lichten Galerie, von der eine gerade Treppe dem Hangverlauf hinab mitten in den Wohnbereich folgt. Diesen begrenzt talseitig eine filigrane Holz-Fensterfront mit Schiebetüren. Durch die Rückstaffelung der Fassade ergibt sich ein gedeckter Sitzplatz, der auch aus der von der Bauherrin gewünschten abgeschlossenen Küche einen weiten Ausblick ins Tal ermöglicht. Die gegen Sonnenuntergang gelegene Veranda dient mit ihrem offenen Kamin als Wohnzimmer im Freien. Über einige Trittsteine und Stufen gelangt man von hier auf die gedeckte Terrasse unter dem Haus, die einmal zum Schwimmbad umfunktioniert werden könnte.

Die wenigen verwendeten Materialien sind möglichst natürlich belassen und ergänzen einander. Die schmalen Bänder aus Sichtbeton, welche das Aussehen prägen, schützen die Holzkonstruktion der Fensterfronten. Um hier Wärmebrücken zu vermeiden, ist die Betonkonstruktion in der Fassadenebene ausgespart. Elektromagnetische Störfelder wurden in den Schlafgeschossen auf Wunsch der Eigentümerin ausgeschlossen, indem die Betondecken auch hier ausgespart und durch eine Holz-/Tonhourdis-Konstruktion ergänzt wurden. Die Fußböden sind innen mit ungedämpftem Buchenparkett, außen mit Lärchenholzdielen belegt.

Die Stützen sind aus Chromstahl, sandgestrahlt und elektropoliert. Die opake Hülle der Garage besteht aus Polycarbonat-Platten.

Das Haus wird über eine Wärmepumpe mit zwei Erdsonden von je 130 Meter Tiefe beheizt. Warmwasser wird von Sonnenkollektoren erzeugt.

Villa in der Landschaft: Horizontalen prägen die Talseite

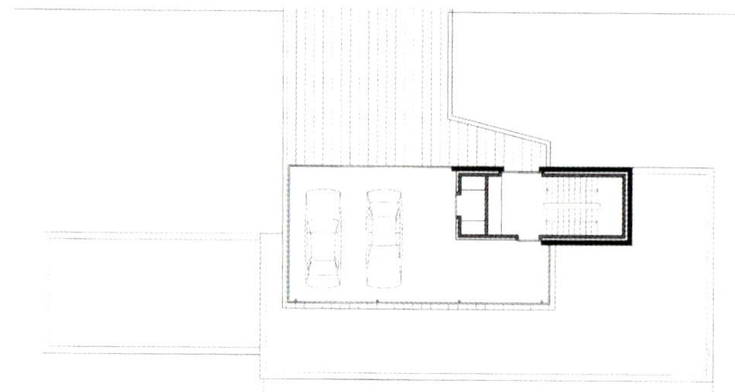

Ebene 0

Deck und Garten,
Blick und Gegenblick

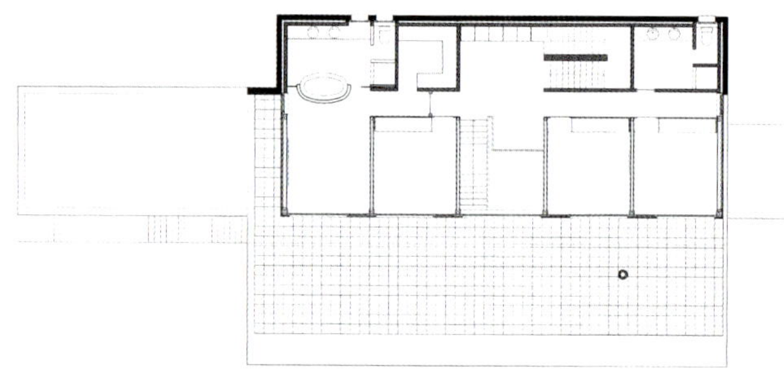

Ebene -1

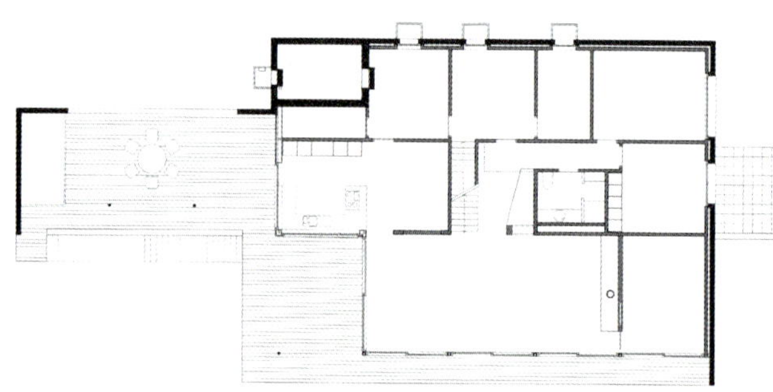

Ebene -2

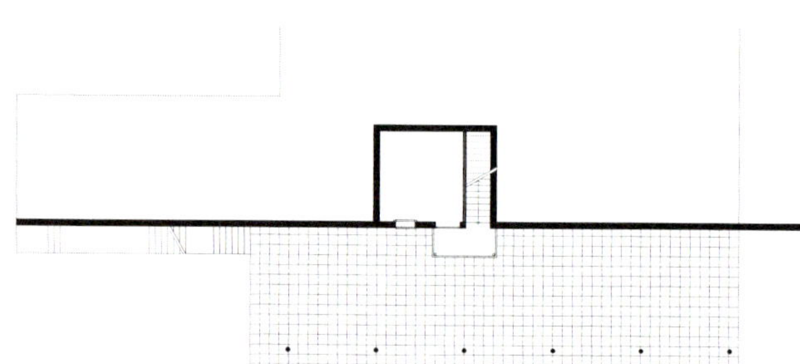

Ebene -3

Frappierend dünne Stützen scheinen den breiten Block zu tragen – die Stützmauer liegt dahinter im Schatten

Aufgesetzt: die Garage von Norden und von innen

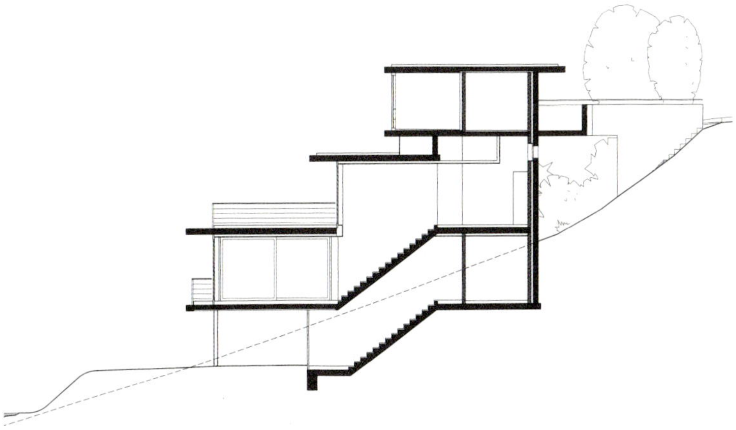

Schnitt

Gartentreppe

Fließende Übergänge:
Deck und Essplatz, Blick
und Gegenblick

Der geschützte Freisitz

Blicke in die Wohnebene

Planung:
Rolf Graf + Partner, Baden
Entwurf: Emil Ulli;
Mitarbeit: F. Hollinger, M. Scheebeli, Marcel Eichenberger (Bauleitung)
Ingenieur:
Markus Annaheim, Küttingen
Bauherr: Beat Steiner
Konstruktion: Sichtbeton, Holzfassaden, Lärchenholzdielen, Polycarbonatplatten
Baukosten: keine Angaben
Fertigstellung: 1998
Standort: Höhenweg 1, Lostorf

Kristall und Höhle

Villa in Oberägeri (CH)
Architekten: Ken Architekten, Baden

Geschlossenheit und Offenheit ergänzen einander in diesem Haus statisch wie ästhetisch – an einem Standort, der an Reizen kaum zu übertreffen ist.

Oberägeri, eigentlich ein kleines Dorf am Ägerisee in der Innerschweiz, ist in den letzten Jahren von luxuriösen Neubaugebieten umgeben worden. Die Südhanglage über dem See bietet ein großartiges Alpenpanorama.

Das Großfamilienhaus steht in der obersten Reihe an diesem Hang. Von der hangseits verlaufenden Erschließungsstraße wendet es sich ab; die lange, schmale Fassade wird hier nur von den bündig in die Putzfassade gesetzten Stahltüren von Eingang und Garage gegliedert.

Ganz anders die Talseite: In den massiven Rücken, der das Gebäude im Hang verankert, ist hier ein Glaskörper eingefügt, der einen fast nahtlosen Übergang ins Freie ermöglicht. Schmale Fensterprofile und einheitliche Materialien im Innen- und Außenraum unterstützen diesen Eindruck. Je nach dem Grad an Privatheit sind die Funktionen im gemauerten Rücken oder im Glaskörper platziert. In einer Überschneidungszone im südwestlichen Dachgeschoss ist der Essbereich angeordnet. Eine nur von einem Oberlicht erhellte Treppenhalle verbindet die drei Ebenen.

Um eine aufwendige Hang- und Straßensicherung zu vermeiden, ist das Untergeschoss von der Straße zurückgesetzt. Obwohl die Baugrube während der Jahrhundertregenfälle im Jahr 1999 offen stand, genügten zur Sicherung vier senkrecht in den Hang ausgeführte Baggerschlitze, die mit Beton ausgefüllt wurden.

Das Panorama über dem Ägerisee

Zum Berg hin blockhaft,
talwärts durchlässig:
Ostansicht

Dieses Bild zeigt gut die verschiedenen Schichten der Außenhaut

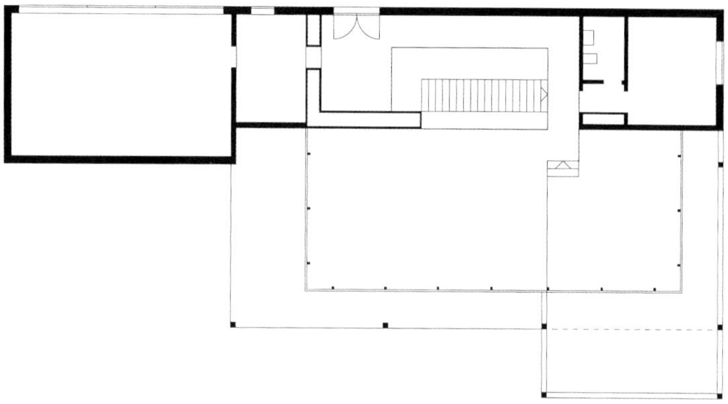

Obergeschoss

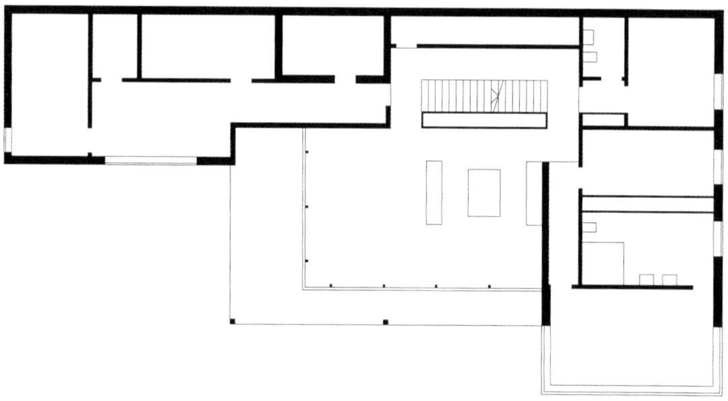

Belvedere vor dem Obergeschoss

Erdgeschoss

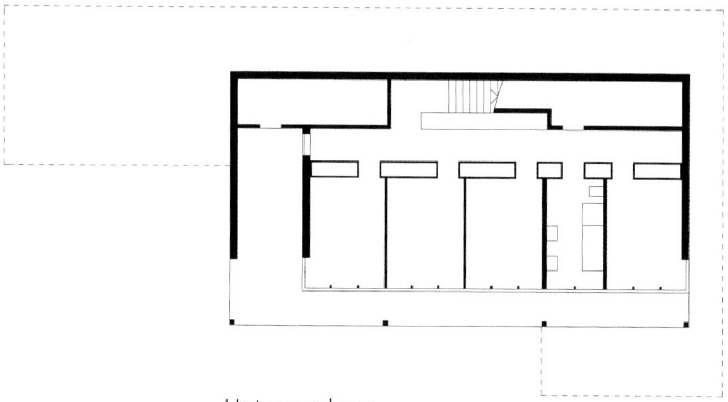

Untergeschoss

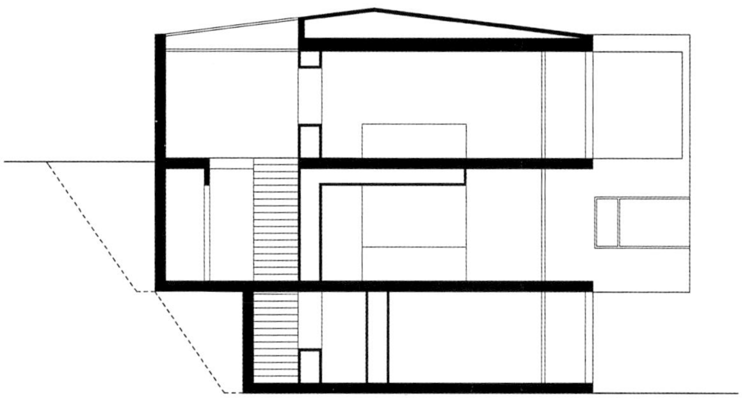

Schnitt

Blick von Nordosten auf
die »pure« Rückseite

Gartenblick von Südwesten

Von der Enge zur Weite: das Treppenhaus, nur von einem Oberlicht erhellt

Wohnraum im Erdgeschoss

Weitung nach allen Seiten: das Obergeschoss

Für die Horizontale: Schlafraum im Erdgeschoss

Baddetail

Planung: Ken Architekten, Claudia Hofer, Jürg Kaiser, Martin Schwager, Baden
Bauingenieur: Heyer Kaufmann Partner, Baden und Zürich
Bauherr: privat
Konstruktion: Massivbau
Baukosten: 775 sFr / m^2
Fertigstellung: 2000
Standort: Oberägeri

Höhlen in der Steilkurve

Gebaute Landschaft: Freiraum und Haus greifen ineinander

Einfamilienhaus in Biberstein (CH)
Architekten: Peter Frei, Christian Frei, Aarau

Die Teilung des Volumens in einzelne, gestaffelte Baukörper kann gerade am Hang sinnvoll sein, um geschützte und differenzierte Räume zu schaffen. In diesem mehr als 1700 Kubikmeter großen Haus gelang mit markanten Bausteinen eine kompakte Anordnung von hoher Wohnqualität.

Das an einem Steilhang oberhalb des Aaretales gelegene Neubaugebiet wird von einer in engen Serpentinen geführten Straße erschlossen. Innerhalb einer dieser Asphaltschleifen, mit über vier Geschossen Versatz zwischen dem oberen und dem unteren Zugang, wurde dieses geräumige Haus auf knappem Grund geplant. Da die Wohnfläche auf vier Ebenen verteilt ist, wurden die 700 Quadratmeter Terrain nur zu gut einem Viertel überbaut. Terrassiert und architektonisch gestaltet wurde indes die gesamte Fläche – als gebaute Außenräume.
Das zunächst verwinkelt wirkende Anwesen baut auf einem klaren Modulsystem auf. Die länglich quaderförmigen Raumzellen, von einem flachen Tonnendach überwölbt, erinnern an den antiken Typus des Megaron, eines Einraumhauses im Mittelmeerraum. Hier sind pro Geschoss jeweils zwei Module durch eine Erschließungszone verbunden und um die halbe Länge gegeneinander verschoben; in der Vertikalen wurden jeweils drei, entsprechend dem Hangverlauf, treppenförmig übereinander geschichtet, wobei die westliche Hälfte die östliche um ein Geschoss überragt.

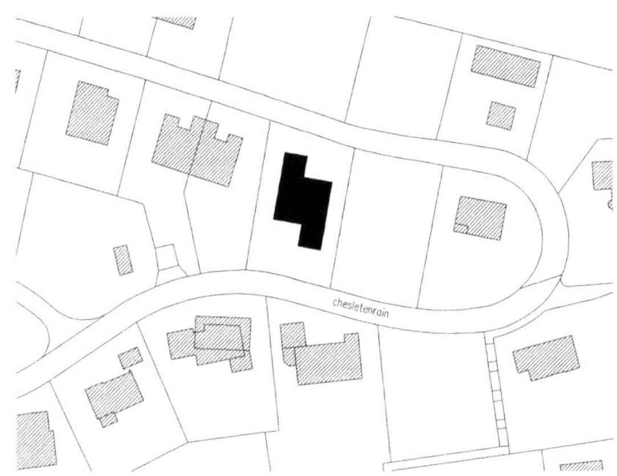

Lageplan

Lego-Blöcke, Zell(en)struktur: Blick von Osten

Durch diese ein wenig an Lego-Steckbausteine erinnernde Fügung entstehen auf jeder Ebene großzügige, gefasste Terrassen und auf der Hangseite ein Hof. Dieser gegenüber der oberen Straße um mehr als ein Geschoss abgesenkte, kiesbedeckte Vorplatz führt zum Eingang im »Erdgeschoss«. Die angegliederte große »Terrasse« ist indes eher eine Loggia oder ein Balkon, denn von hier führt im Zwischenraum der Zellen die Treppe geradewegs den Hang hinab zum Freibereich mit einem Bassin. Von hier wie von den Wohnebenen darüber geht der Blick weit übers Land bis zu den etwa 100 Kilometer entfernten Alpen – die Eigernordwand liege exakt im Süden, bemerkt der Hausherr, ein bekannter Arzt und Musiker.
Dem introvertierten Hof ist unter dem akustisch günstigen Gewölbe der Musikraum zugeordnet. Hier steht, vom Wohnraum durch einen niedrigen Kamin abgeteilt, der Flügel. Raumhohe Regale gliedern das Zellengefüge in Querrichtung, mal offener, mal geschlossener. Eine angenehm gedämpfte Helligkeit erfüllt so die tiefen Räume unter dem an eine Höhle erinnernden Gewölbe. Außen trägt dieses – nun nicht mehr mediterran – eine Mütze aus Zinkblech, die Wände sind mit hellgrauem Klinker verkleidet. Unterstützt von Betonbändern, die als Balken auch die Terrasse rahmen, bildet das Anwesen so ein Raumgefüge von großer gestalterischer Geschlossenheit, in welchem innen die einfache Orientierung und Offenheit verblüfft.

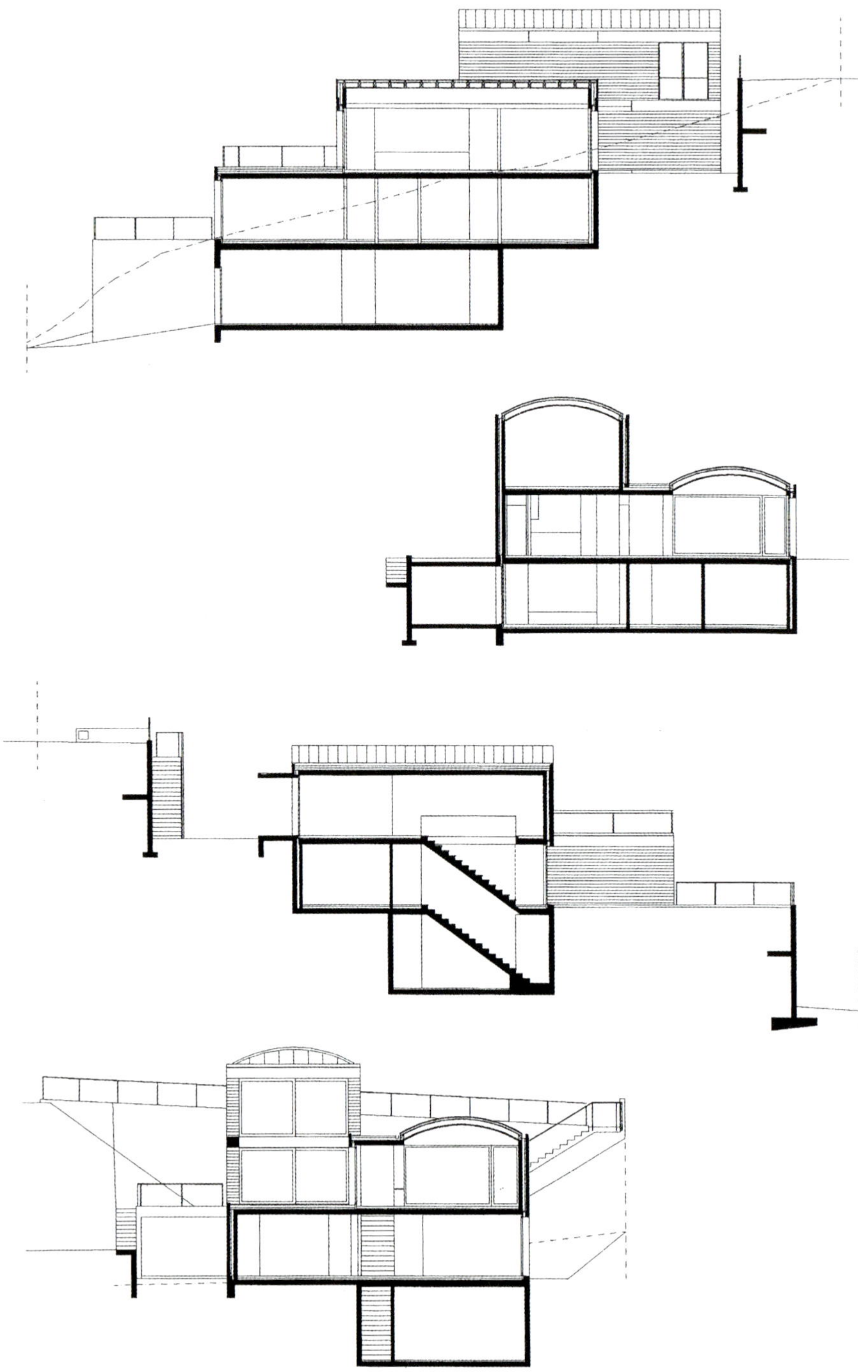

Schnitte

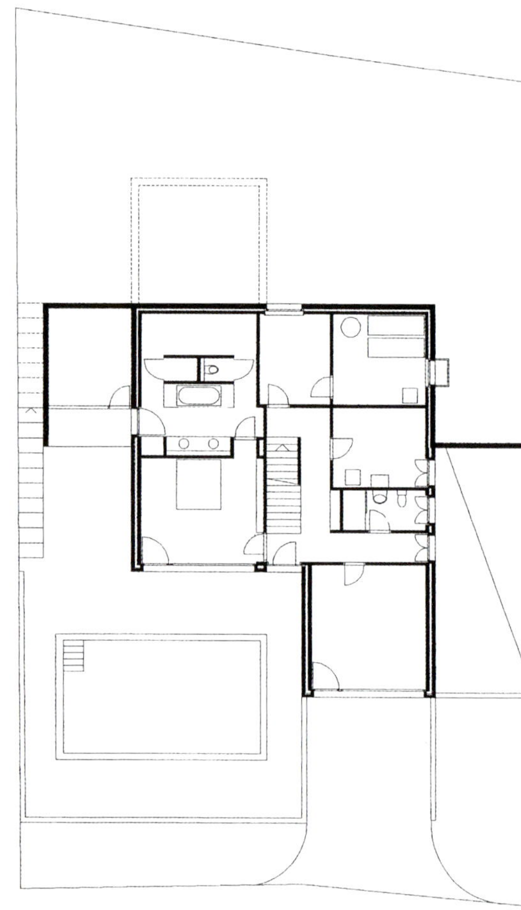

Untergeschoss

Annäherung: die Treppe zum Eingangshof

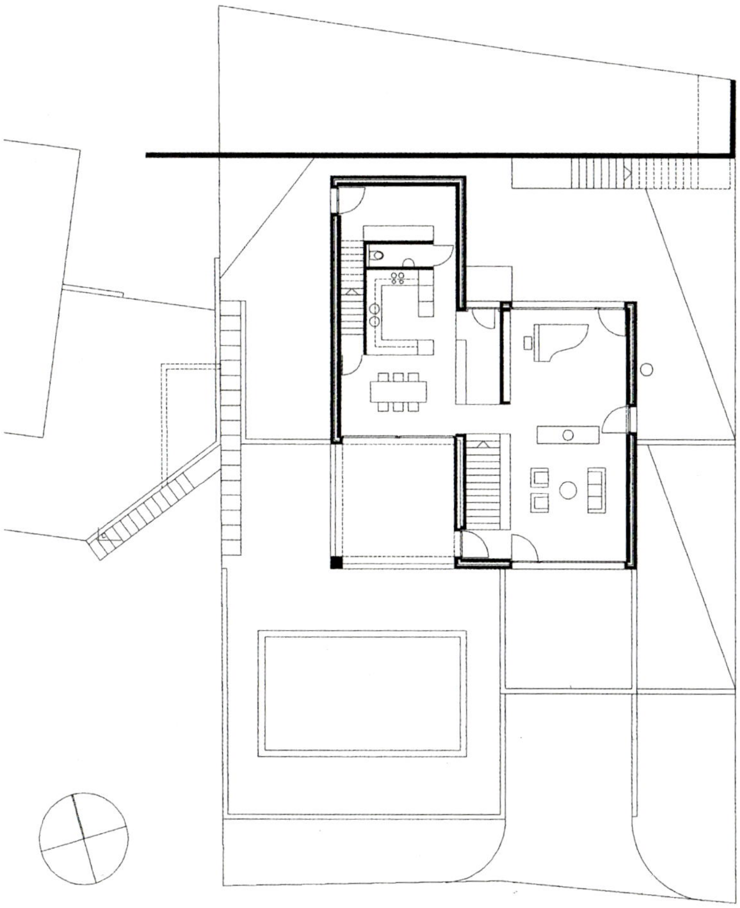

Erdgeschoss

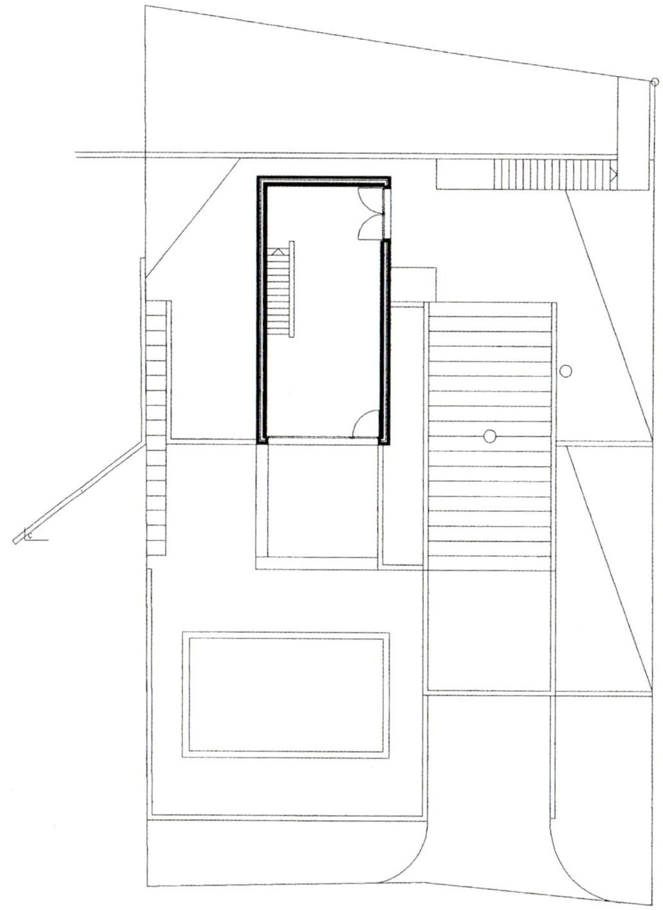

Obergeschoss

Stimmungsvoll: Blick aus dem Musikzimmer zum Eingangshof

Zwischen den Zellen: Regale als Raumteiler, hier zwischen Küche (oben) und Speiseraum (unten)

Subtile Grenzziehung und Blickführung durch die Tonnendecke im Wohnraum

Gerahmte Landschaft: Blick aus dem Schlafzimmer im Untergeschoss

Planung: Peter Frei, Christian Frei, Aarau
Bauingenieur: Rothpletz Lienhard & Cie., Aarau
Bauherr: Dr. R. Ausfeld
Konstruktion: zweischaliges Mauerwerk mit Röben-Klinkern, Betonbänder, Tonnendach
Baukosten: 2 319 sFr / m^2 Wohnfläche
Fertigstellung: 1997
Standort: Chesletenrain 15, Biberstein

Gebautes Lichtspiel

Einfamilienhaus in Baden (CH)
Architekten: Rolf Graf + Partner, Baden

Die Überbauung ganzer Hänge mit so genannten »Terrassen« ist in den Schweizer Städten immer noch weit verbreitet, ermöglichen sie doch bei aller Künstlichkeit die höchste Ausnutzung des Terrains. Hier setzte ein Architekt einer solchen rationell konstruierten Wohnanlage mit seinem eigenen Haus die Krone auf.

Das Haus besteht aus drei Ebenen, wobei die oberste lediglich der Parkierung und dem Eingang dient, die unterste von einem Schwimmbad eingenommen wird sowie von einer eigenständigen Einliegerwohnung, die heute von den erwachsenen Kindern bewohnt ist. Davor erstreckt sich der geräumige Garten auf dem Dach der darunter liegenden Terrassenhäuser.

Das Haus ist auf einem regelmäßigen Raster aufgebaut, die dienenden Räume sind klar dem Hang zugeordnet. Einer dieser hangseitigen Zwischenräume wird von der dreiläufigen Treppe – als offenes Treppenhaus – eingenommen. Die benachbarten, nicht natürlich belichtbaren Zonen sind von den Nebenräumen und der Küche belegt, wobei die Küche durch einen Versatz dem gedeckten Freisitz zugeordnet ist. Hinter dieser Zone schließt sich gegen den Hang ein Band aus Lager- und Kellerräumen an. Der große Raum davor wird als Allraum einzig durch den offenen Kamin gegliedert. Das beidseitig offene Cheminée und die darin versteckten Schiebetüren trennen den Wohnraum vom Schlafraum der Besitzer. Durch geschosshohe, von weiten Dachüberständen geschützte Fenstertüren dringt das Tageslicht herein.

Die weit auskragende Betondecke wird von Oberlichtern durchbrochen

Introvertierter Raum:
der Gartenhof

Ein Oberlicht erhellt das in den Hang geschobene Treppenhaus

Der Küchenblock schiebt sich in den gedeckten Vorplatz

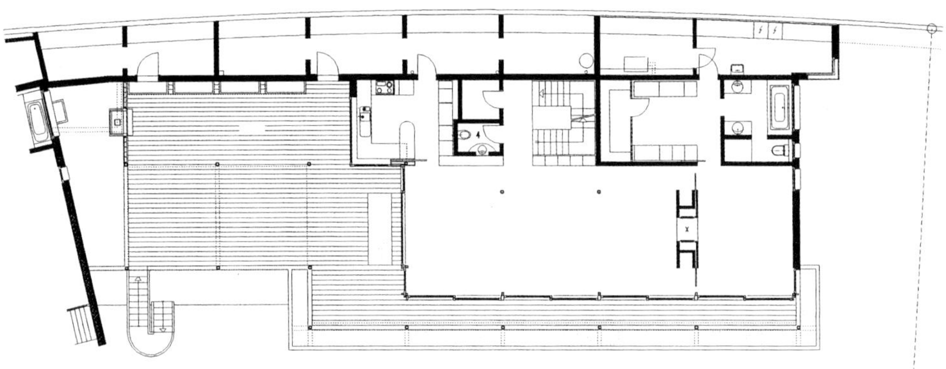

Erdgeschoss

Der Hauptwohnraum im Erdgeschoss

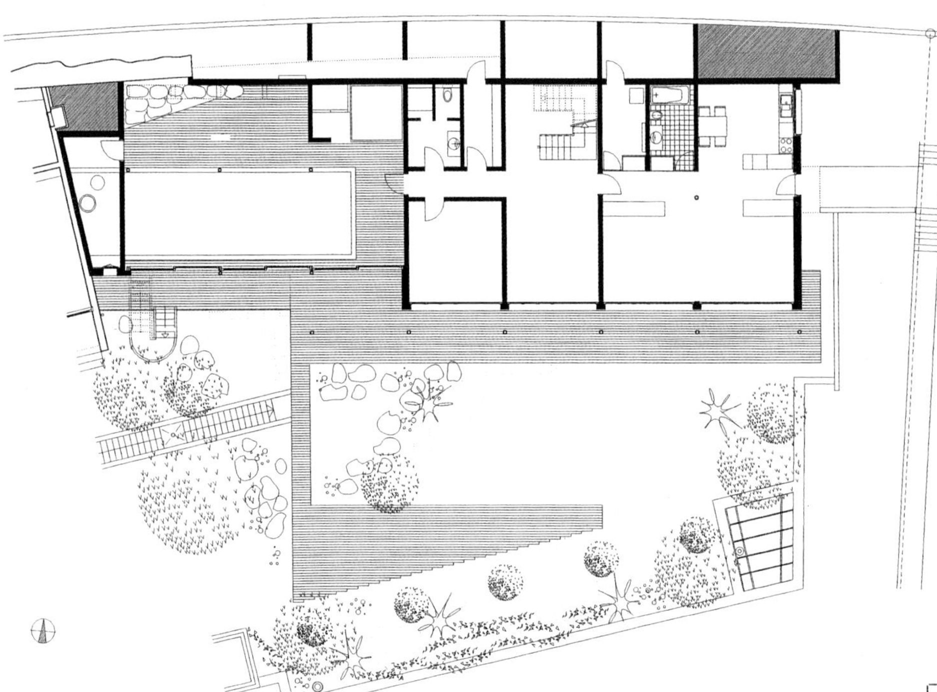

Untergeschoss

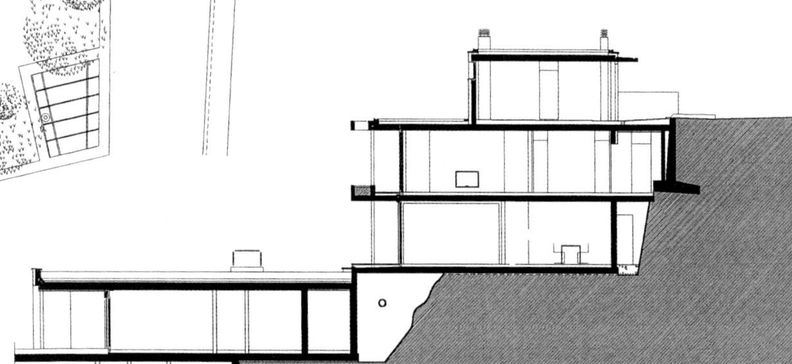

Schnitt

Blick vom Wohnraum ins Treppenhaus

Planung: Rolf Graf + Partner Architekten AG, Baden
Entwurf: Emil Ulli
Bauherr: Rolf Graf
Konstruktion: Sichtbeton, Holzfassaden
Baukosten: keine Angaben
Fertigstellung: 1999
Standort:
Lägernhang, Baden

Adlerhorst

Einfamilienhaus in Alsbach (D)
Architekt: Team 4, Darmstadt

Die wohl kühnste Konstruktion dieser Hanghäusersammlung »hängt« tatsächlich über einem Abgrund. Labiler Baugrund und historisches Umfeld machten das an sich kostengünstige Gebäude zu einer ästhetischen wie technischen Meisterleistung.

Der westliche Rand des Odenwalds, die so genannte Bergstraße, bietet in privilegierteren Lagen weite Ausblicke in die Rheinebene. Die Schlossstraße in Alsbach ist eine solche Lage, und so ist hier auch längst kein Grundstück mehr für ein »normales« Haus zu haben. Nur eine schmale, extrem steile Restfläche konnte der Darmstädter Architekt Thomas Baumüller erwerben.

Sie liegt auf der »falschen«, nach Osten abfallenden Flanke eines kleinen Seitentals und war eigentlich bereits besetzt: Die »Metzendorfsche Garage«, ein von dem regional bekannten Architekten Georg Metzendorf Ende des 19. Jahrhunderts erbauter Ziegelbau auf quadratischem Grundriss (6 x 6 Meter), bekrönt von einem geschwungenen Spitzdach, zieht an der Straßenecke die Blicke auf sich und duldet als Solitär eigentlich keine Nachbarschaft. In Verhandlungen mit dem Denkmalschutz gelang es dem Architekten, die Umnutzung der leer stehenden Garage und einen abgesetzten Neubau durchzusetzen, der dem Kleinod klar den Vortritt lässt, ohne sich zu verstecken.

Der neue Baukörper folgt in seiner Länge der Schlossstraße, zielt also im schrägen Winkel auf die »Garage«. Im Zwickel der beiden Gebäude – sie wahren etwa vier Meter Distanz zueinander – führt eine Treppe zum Eingang hinab, links geht es ins Haus, rechts ins Untergeschoss des Altbaus, das als Speisesaal umgenutzt wurde. Geradeaus – da könnte einem schwindlig werden – fällt der Hang jäh zur Kirchstraße hin ab. Erst hier zeigt der Neubau-Quader seine wahre Größe, während er zur nah vorbeiführenden Straße zwar fein proportioniert, aber schlicht und verschlossen daherkommt. Über zwei Geschosse reicht die filigrane Glasfassade, nur das Mittelfeld wird von Sperrholzpaneelen gefüllt. Hier führt eine Stahltreppe zur Dachterrasse hinauf, von wo aus dann doch noch die Rheinebene zu sehen ist. Klare Form und wilder Steilhang stehen in spannendem Kontrast, die offenen Ecken holen die nahe Natur wie die unbebaute Talflanke vis-à-vis in die Räume herein.

Doch was am Ende so leicht und elegant dasteht, bedurfte erheblichen konstruktiven Geschicks: Der Baugrund erwies sich als aufgeschüttet, war also nur von leichtestem Gerät zu befahren. Die nötige Gründung gelang über zehn senkrechte, im Mittel 7,5 Meter lange Bohrpfähle, die einen Rost aus großformatigen Unterzügen tragen, der wiederum gegen den Hangschub zusätzlich mit Schrägpfählen rückverankert werden musste.

Auf dem Rost ruht ein aus statischen Gründen massiv errichtetes Untergeschoss; das obere Wohnniveau ist, um Gewicht und Kosten zu sparen, als Leichtbau errichtet: Eine Pfosten-Riegel-Konstruktion aus Holz mit umlaufendem Brettschichtholzträgern als Abschluss trägt die Decke aus Trapezblechen, eine neuartige »Bubble Deck«-Konstruktion. Die Fassaden tragen diese Leichtigkeit konsequent nach außen; ein vorgelagertes Deck auf der Schmalseite erweitert den Wohnraum ins Freie. An der südlichen Spitze des Grundstücks ist eine nur über einen Steg erreichbare »Liebeslaube« geplant.

Im Umgang mit alter Bausubstanz und unberührter Natur erweist sich hier wieder einmal eine zeitgenössische, einfache und klare Bauweise als angemessen. Für den Architekten stehen die zwei Gebäude nun da »wie zwei ungleiche Freunde: völlig anders, aber jeder sich unverwechselbar und erst zusammen stark«.

Ein klarer Quader im Hang: Tal- und Straßenblick mit der alten Garage

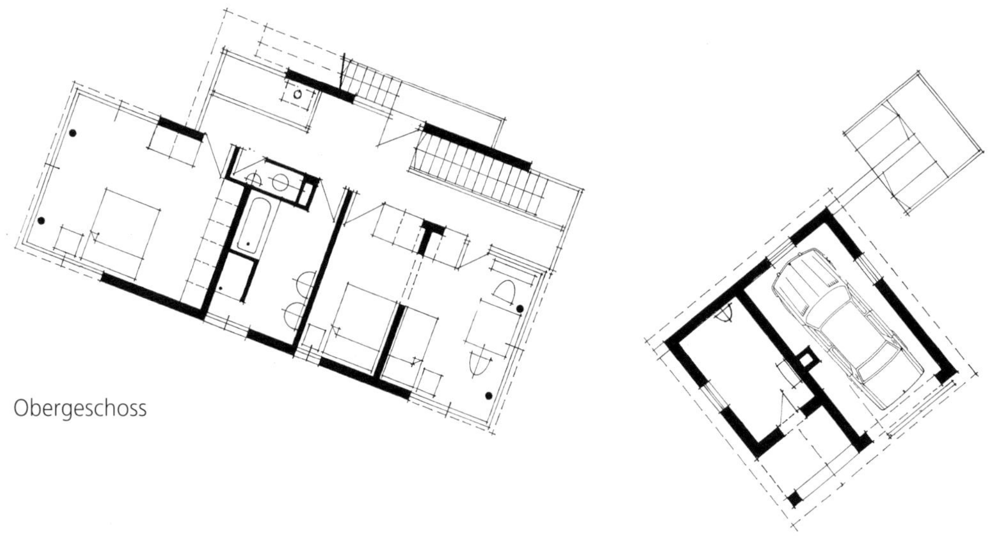

Obergeschoss

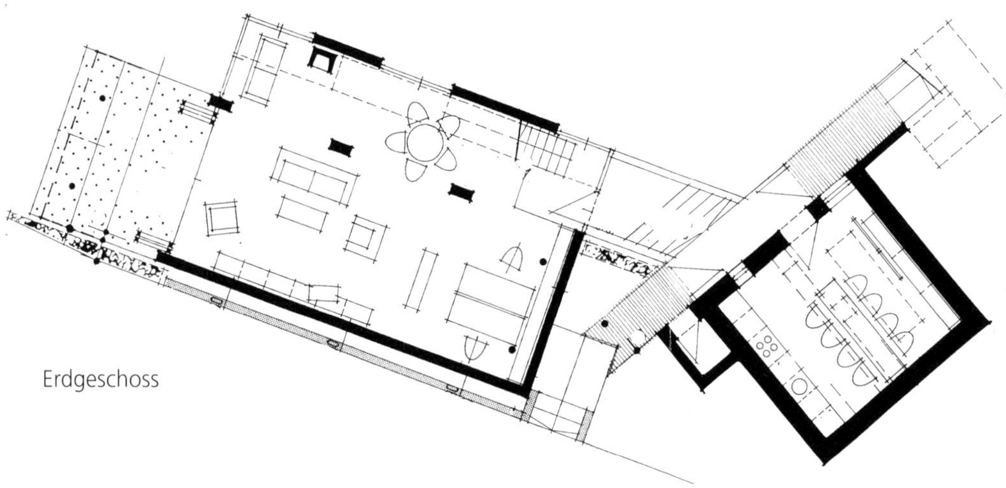

Erdgeschoss

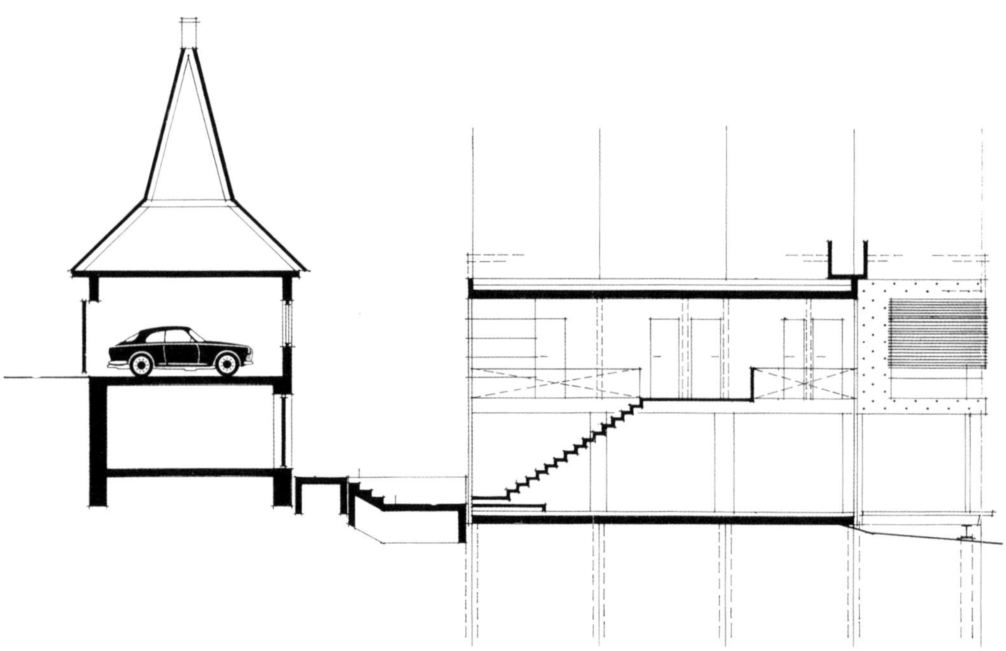

Längsschnitt

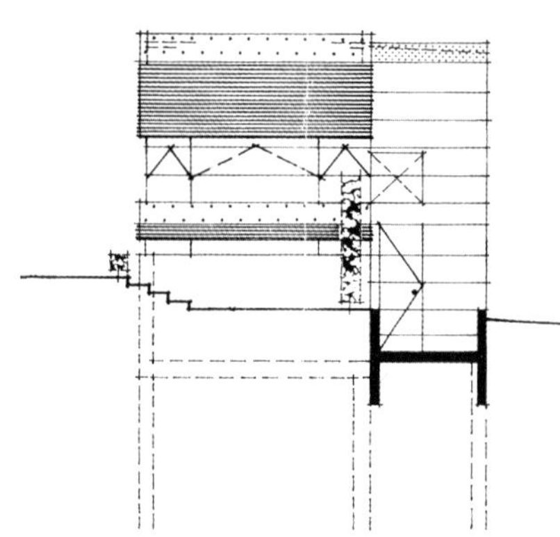

Querschnitt

Planung: Team 4, Darmstadt; Thomas Baumüller
Statik: Haag Ingenieur GmbH, Darmstadt
Bauherr: Thomas Baumüller
Konstruktion: Tragerost auf Bohrpfählen, UG Stahlbeton, Wohngeschoss Holzskelettbau, Dach Stahltrapezblech
Baukosten: keine Angaben
Fertigstellung: 2000
Standort: Schlossstraße, Alsbach

Die Schlossstraße war eigentlich besetzt – bis auf den schmalen Steilhang auf der »falschen« Seite

Filigran: Eckverglasung, gehalten durch schmale Alu-Profile

Pavillon am See

Einfamilienhaus am Wörthsee (D)
Architekt: Wolf-Eckart Lüps, Inning

Eine besondere Variante des Hanges sind Seeufer. Auch wenn das Gefälle hier oft nur wenige Meter ausmacht, ist es sehr reizvoll, den natürlichen Verlauf des Geländes beim Hausbau mit einzuplanen.

Der Hang zur Randlage, den Anthropologen dem Menschen nachsagen, ist an Seeufern besonders stark – nicht nur ist dieser Rand für alle Zeit unverbaubar und von einem Element absoluter Leere geprägt. Er betont auch alles, was sich von dieser horizontalen Leere abhebt: Architektur steht hier vor einem idealen Plafond, kann sich rein auf sich selbst und ihre Ab-Sichten beziehen. Wohl auch deshalb haben viele Architekten hier schon mit nautischen Metaphern gespielt, haben Kommandobrücken und Decks und Bullaugen gebaut – an Land, doch stets seewärts gewandt.
Auch dieses Haus trägt Züge eines Schiffs auf dem Trockenen: Es ist länglich, (annähernd) symmetrisch und klar konstruiert wie ein Dampfer. Sein »Bug« ist zwar stumpf, doch weist das Dach (als umgekehrter Kiel!) eindeutig seewärts, zum Anlegesteg.
Schaut man indes genauer hin, hat der Architekt das Haus doch sehr sensibel »verortet«. Das Ufer des Sees im Osten, die Erschließungsstraße mit Wiesen im Westen, im Süden Hochwald – das waren die Randbedingungen, wie aus dem oberbayerischen Bilderbuch. Für die leicht nach Südosten gedrehte Stellung des Baukörpers und seine breite Dachkrempe ließ der Architekt eigens den Bebauungsplan ändern. So ist das Haus selbst wie ein Weg zum See konzipiert, und in der Enfilade der Räume im Erdgeschoss wird der Uferverlauf über Treppen erlebbar, die sich in der Modellierung des Gartens fortsetzen. Die Räume im und um das Haus bekommen so eine je eigene Proportion, und Blicke durch die ganze Länge des Hauses werden möglich.
Das Obergeschoss verschwindet hingegen teilweise im großen Sonnenhut. Die an den Längsseiten 1,50 Meter, an den Stirnseiten über vier Meter auskragende Krempe (ihre Steifheit erinnert eher an eine Schildkappe) schützt die Räume vor direkter Sonne und duckt das Volumen optisch in den Fluss des Grüns – türkisgrün ist die Dachhaut denn auch gefärbt (vorpatiniertes Kupfer), mit Bezug zur ufernahen Flachwasserzone des Sees. Das Ultramarin der Wände versteht der Architekt als Reverenz an den klaren Himmel der Gegend, von dem sich wiederum das neutrale Weiß und Grau der Fassadenelemente abheben.
Vollends aufgehoben wird die Symmetrie des Baukörpers durch die Öffnung nach Süden. Dank der filigranen Holz-Glas-Konstruktion (mit Furnierschichtholzpfosten und Wärmeschutzglas) dringt die Sonne zwecks passiver Solarnutzung hier auf breiter Front ein, ihre Wärme wird von der massiven Kellerdecke gespeichert. Anders als die Leichtigkeit des »Pavillons« vermuten lässt, ist das Gebäude nämlich voll unterkellert, die ungünstigen Bodenverhältnisse machten eine aufwendige Gründung mit Bodenaustausch, Wasserhaltung und wasserdichter Ausführung des Untergeschosses notwendig.
Da die Bauherrin Innenarchitektin ist, wurde das Haus mit viel Bedacht ausgestattet.

Lageplan

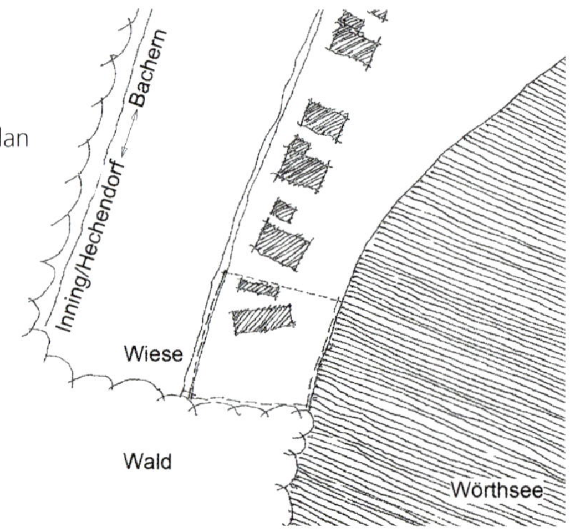

Gelungene Einbettung: der »Pavillon« am See

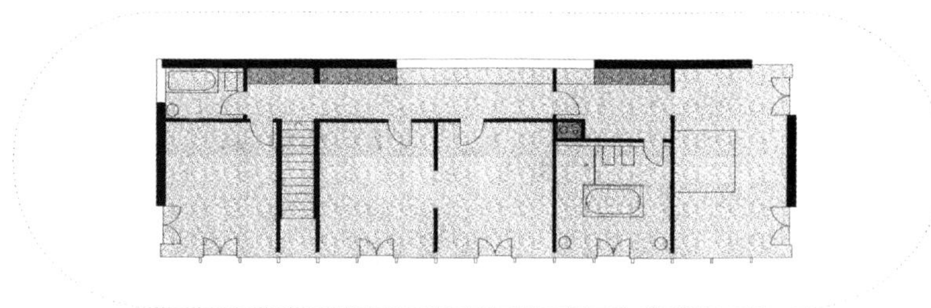

Obergeschoss

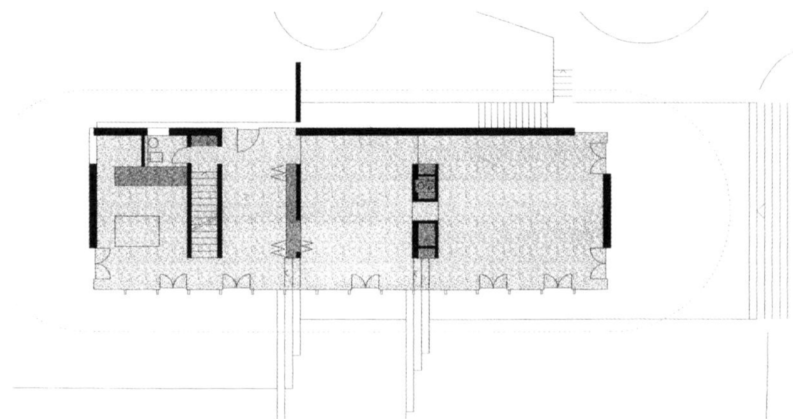

Erdgeschoss

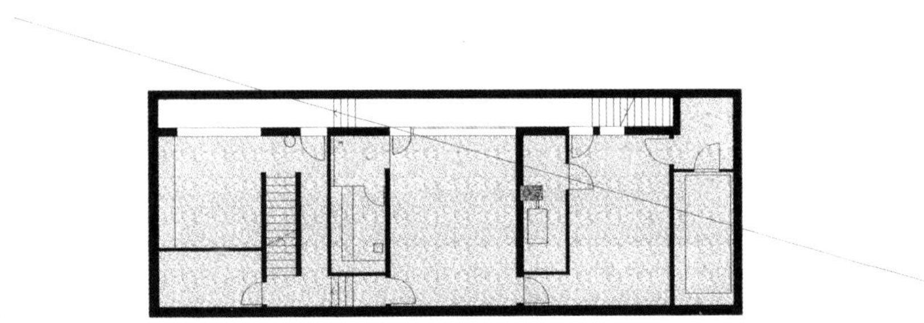

Untergeschoss

Die ruhigen Horizontalen machen das leichte Gefälle sichtbar

Landschaftstreppe: Vom Eingang zum Hauptwohnraum nimmt die Raumhöhe zu

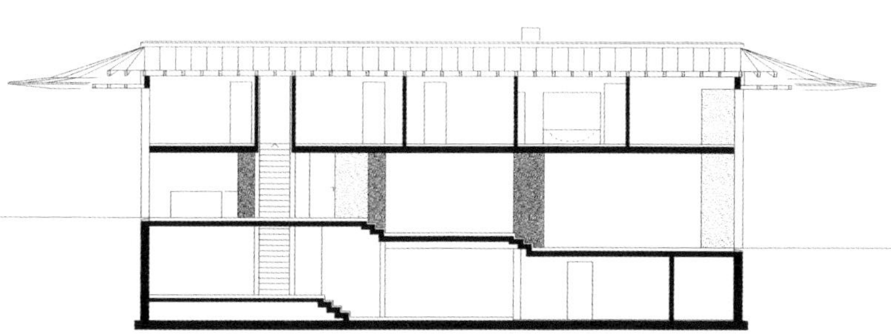

Längsschnitt

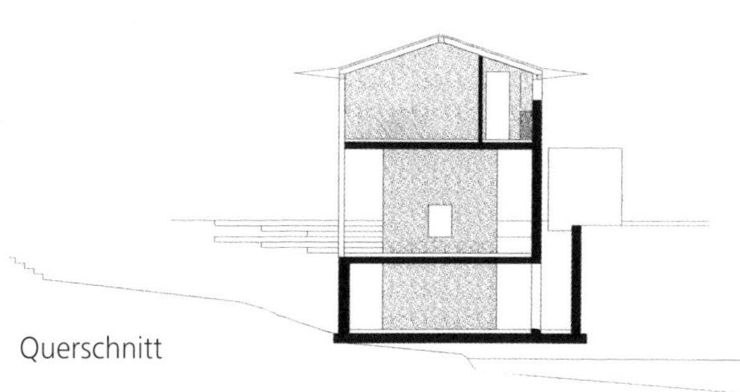

Querschnitt

Rechts:
Der Gegenblick
vom See

Die Enfilade im Inneren

Planung:
Wolf-Eckart Lüps, Inning
Bauherr: privat
Konstruktion: Stahlbeton-Wanne, Gasbetonwände, Südfassade Furnierschichtholzpfosten
Wohnfläche: 228 m²
Baukosten: keine Angaben
Fertigstellung: Juli 2000
Standort: Aitelstraße 10, Bachern/Wörthsee

Verschobene Quader

Einfamilienhaus in Egg / Vorarlberg (A)
Architekten: Muxel/Mennel, Wien

Hänge schieben und drücken mit ihrer Masse alles aus dem Weg, was ihren natürlichen »Fluss« blockiert, das ist bekannt. Entsprechend massiv stemmen sich viele Hangbauten auch gegen diese Kräfte. Dieses Haus aber verfolgt eine andere Strategie: Seine leichten Volumen lassen den Hang sanft durch sich hindurch und »schwimmen« auf ihm – scheinbar.

»Meinen Sie das Haus, das wie ein paar aufeinander getürmte Schachteln ausschaut?«, erwiderte eine Einheimische, auf das neue Gebäude angesprochen, das unweit der Egger Hauptstraße auf einer Wiese steht. Die Antwort klang gar nicht genervt oder entrüstet – in Vorarlberg hat man halt Sinn für innovative Architektur, zumal wenn sie so differenziert daherkommt wie dieses Haus. Zwei junge Architekten, eigentlich noch Studenten in Wien, aber aus Egg stammend, haben es für eine junge Familie geplant.

Weit verstreut stehen die alten Häuser auf den Wiesen oberhalb des Rheintals, über grüne Hügel und Mulden geht der Blick immer wieder gen Westen, bei klarem Wetter bis zu den Schweizer Alpen. Wie eingestreut wirkt denn auch das Haus inmitten der Kleinstadt Egg, in der zweiten Reihe hinter einem traditionellen Holzhaus. Ein nach zwei Richtungen abfallender Hang bot hier die Möglichkeit, über die vorderen Häuser hinweg talwärts zu blicken. Also schufen die Architekten »Plattformen in der Landschaft – ähnlich den Decks der Schiffe«. Und die sind nicht wie üblich eindeutig orientiert, sondern gegeneinander verdreht und verschoben, wie die Landschaft ringsum.

Diese Verschränkung mit dem Ort setzt sich in der Gestaltung der die Plattformen tragenden Holzquader fort: Die Fassaden sind weitgehend in bewegliche Roste aus filigranen Fichtenholzlamellen aufgelöst; hinter denen offen-sichtlich naturnah gewohnt wird.

Die starre Rahmenkonstruktion aus Multibox-Elementen auf Stahlstützen, die wiederum auf Fundamentriegeln ruhen, erlaubt nicht nur die offene Innenraumgestaltung, sondern auch das kühne Auskragen des Obergeschosses nach Norden. So kann der Hang frei darunter hindurchfließen, und es entsteht ein geschützter Vorplatz für den Windfang. Der ist dank vorgespannter Gläser vollkommen transparent gehalten, und die Treppe hinauf in das Wohngeschoss folgt im Winkel genau den zwei Richtungen des Hangs. Bevor hier der eigentliche Hauseingang erreicht ist, hat der Besucher so die natürliche Einbettung wahrgenommen. Zwischen den schlanken Stützen bewegt er sich oben wie auf einem Floß, das am Land »angelegt« hat: Erst die Südterrasse rechtfertigt nämlich die Bezeichnung Erdgeschoss – über ein geräumiges Deck mündet die Wohnebene hier in den Garten.

Auf dem Weg zur Plattform im Obergeschoss vermitteln die enger werdende Treppe und die schräge Führung des Flurs den wachsenden Grad an Privatheit der Räume, bis zum Elternschlafzimmer als Schlusspunkt. Doch könnten dank der Skelettkonstruktion alle Wände in den Wohngeschossen leicht entfernt werden – der Versorgungskubus dient lediglich der Windaussteifung –, und ein Umbau zu zwei Wohneinheiten wäre denkbar.

Im massiv ausgebildeten Keller sind ein Atelier und Nebenräume untergebracht. Mit einer als umgekehrter Kragarm wirkenden Stützwand im Hang leitet der Kellerblock die exzentrischen Lasten gleichmäßig in den zum Teil labilen Baugrund, damit die Metapher von der verschobenen Plattform nicht durch die Geologie überholt wird.

Wie ein Schiff liegt das Haus in
den Wellen der Landschaft

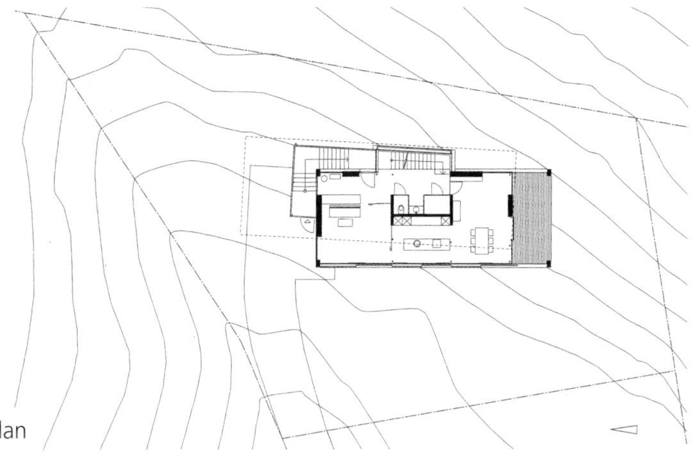

Lageplan

Flexibler Widerstand
gegen den Hangdruck:
das Ensemble von
Nordwesten

Rechts:
Riegel in zweiter
Reihe: Straßenblick

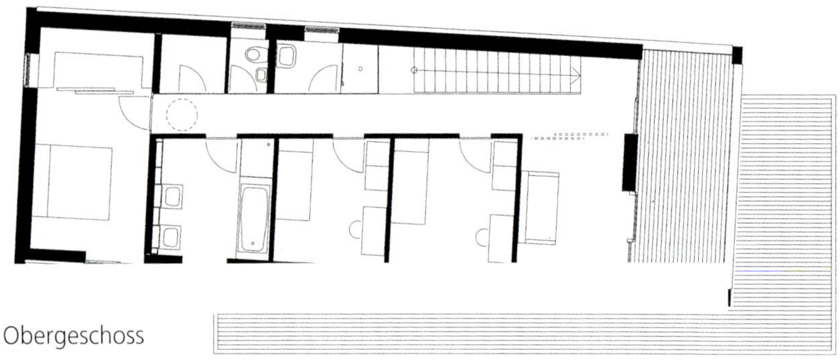

Obergeschoss

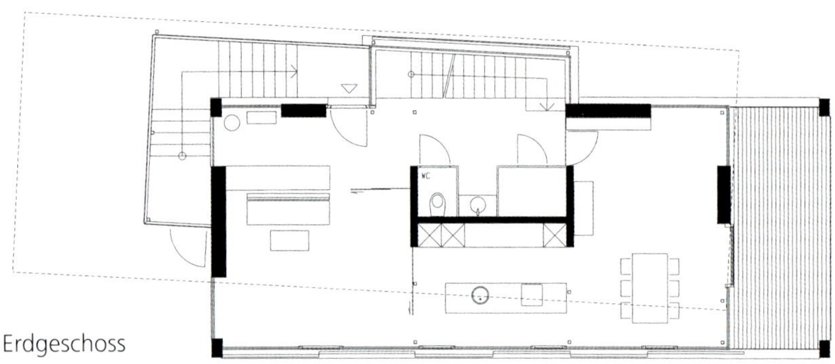

Erdgeschoss

Schnitt

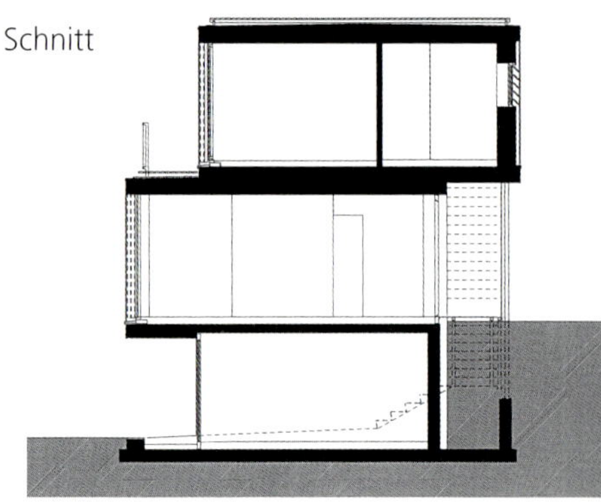

Blick von
Süden auf die
Hauptfassade

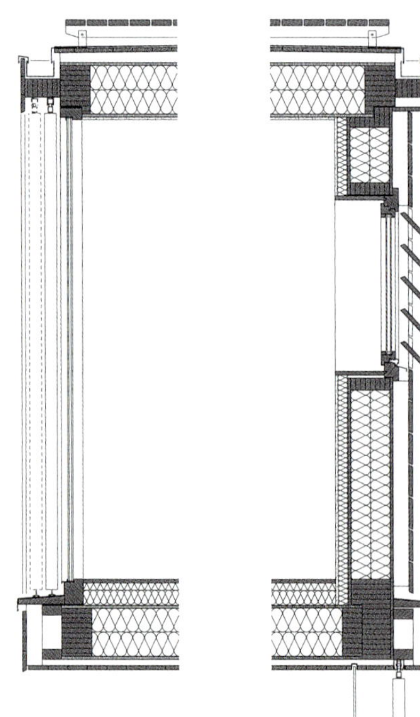

Schnitt

Die verschlossene Nordansicht

Starke Kanten: die Multibox-Konstruktion tritt vor allem in der Südfassade zutage

Der Flur im Erd- und (sich verjüngend) im Obergeschoss

Hinter Lamellen abgeschirmt: das Bad

Planung:
Muxel/Mennel, Wien
Bauherr: Birgit und Hansjürgen Moosbrugger
Konstruktion:
Stahlstützen und Multibox-Elemente auf massivem Sockel
Baukosten: 22 300 öS / m^2
(4,5 Mio öS für 201,6 m^2 Wohnnutzfläche)
Fertigstellung: 1999
Standort: Egg/Vorarlberg

Offene, flexible Zusammenhänge: Wohnraum und Treppe

Schichtung im Rebhang

Einfamilienhaus mit Atelier in Chur (CH)
Architekt: Joos Gredig, Chur

Im Rücken bewaldete Berghänge, nach vorn ein weiter Blick über das Rheintal in die Alpen – das Villengebiet oberhalb von Chur lässt kaum Wünsche offen. In einem alten Weinberg entstand hier ein Wohnhaus mit Nebengebäude als spannungsreiches Wechselspiel mit dem Ort.

Das Haus ist am oberen Rand der Parzelle platziert, als hätte es die Nähe der Kiefern und der Mauer gesucht, die hier an den alten Weinberg erinnert. Die verschiedenen Ebenen des Hauses und insbesondere des langen, im rechten Winkel dazu stehenden Nebenhauses folgen dem Gelände. Verschweißte Stahlplatten bilden das Dach und die Wände dieses Trakts, der zuoberst die Garage, sodann den Eingang und weiter unten das Atelier des Bauherrn beherbergt. Einem Tunnel gleich ist diese Stahlhaut über die Raumebenen gelegt und steigt mit dem Hang gleichmäßig an. Zusammen mit der alten Mauer und dem Wohnhaus entsteht eine spannungsvolle Schichtung.

Hat man den schrägen blauen Stahl-Körper passiert, öffnet sich hinter einem kleinen Gang das Erdgeschoss mit Blicken quer durch das Haus. Seine Grundriss-Struktur ist kreuzförmig, mit den Nebenräumen auf der Hangseite. Die leicht ausgedrehte Südwestecke erlaubt über eine gedeckte Veranda den ungehinderten Blick über das Tal. Die Zimmer im Obergeschoss erhalten über die diagonal zur Tür angeordneten Fenster zusätzliche Weite.

Die in Lärchenholz ausgeführte talseitige Fassade wird vom dünnen, weit auskragenden Flachdach geschützt, auf dem versteckt ein Sonnenkollektor sitzt. Die grauen Flanken des Hauses und die Rückseite schließen hingegen bündig an das Dach an und werden nur von schmalen Fensterschlitzen durchbrochen.

Auch der Innenausbau lebt vom Kontrast von warm und kalt, helles Holz und einzelne gelbe Flächen heben sich vom schwarzen Fußboden ab. Die Nasszellen sind als Einbauten in edlem Erlenholz ausgeführt.

Technischer Clou des Hauses ist die Hypokaustenheizung, die, von einem Holzkessel im Keller gespeist, über tönerne Kanäle in den Innenwänden das ganze Haus versorgt. Die Wärmeabgabe in den Räumen geschieht über Stahlplatten, die in die Wände eingelassen sind – das ganze Haus ist wie ein großer wärmender Ofen gebaut.

Der Garten verschwindet hinter dem Ateliergebäude

Die hinter einander geschichteten Materialien auf der Eingangsseite: die alte Weinbergmauer, das Stahlgehäuse des Ateliers und die Verkleidung des Haupthauses; oben: die Talfassade

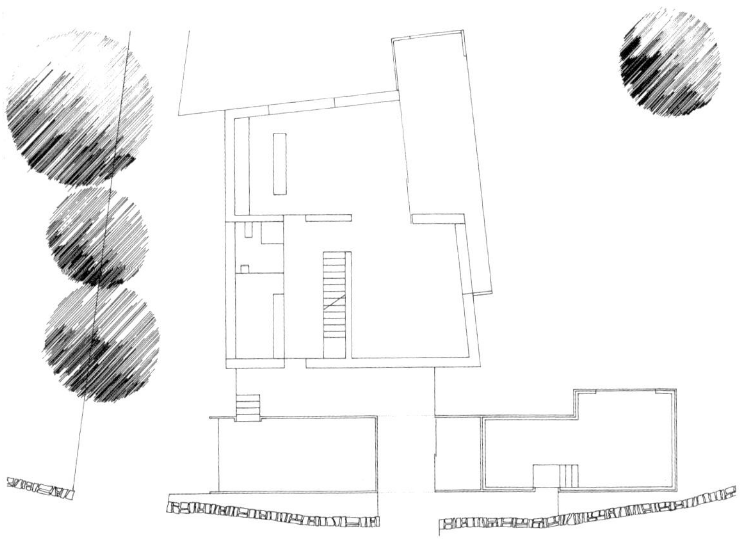

Erdgeschoss

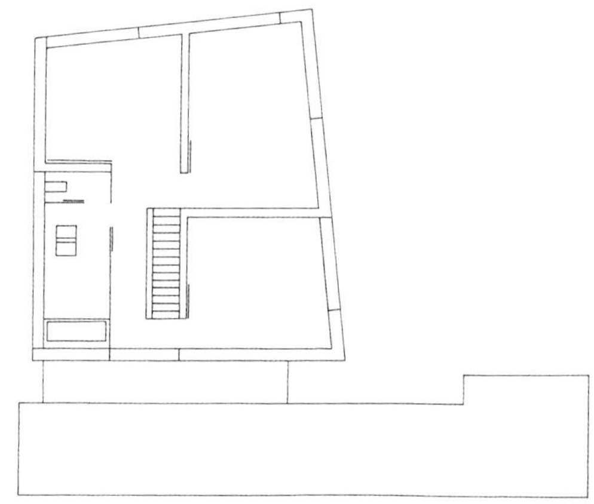

Obergeschoss

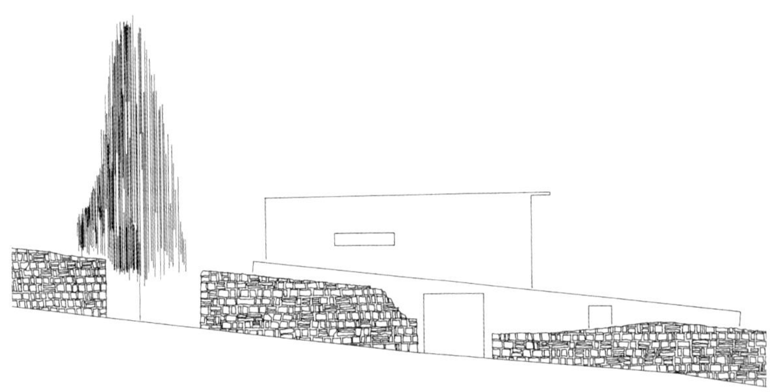

Ansicht West

Die Terrasse im Erdgeschoss, im Hintergrund das Ateliergebäude

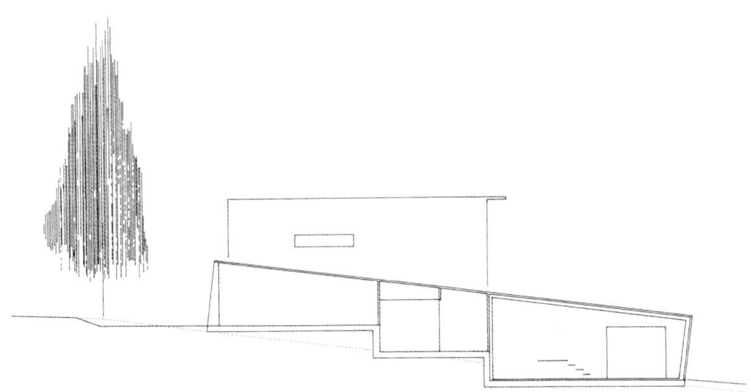

Schnitt

Die Schichtung von
Süden: Mauer, Holzfassade,
Wald und Bergkulisse

Der das ganze Haus wärmende Ofen (Entwurf: Egon Meissen, Chur)

In ihrer starken Farbigkeit heben sich Küche und Bad von den Sichtbetonflächen ab

Panoramafenster eines Schlafraumes unter der Dachkrempe

Raumhohe Verglasung im Erdgeschoss

Planung: Joos Gredig, Chur
Bauherr: privat
Konstruktion:
Massivbau mit Holzfassade, Hypokausten-Kanäle
Baukosten: keine Angaben
Fertigstellung: 1998
Standort:
Lürlibad-Quartier, Chur

Nobilitierung des Ortes

Wohnhaus und Atelier in Pforzheim (D)
Architekt: Peter W. Schmidt, Pforzheim

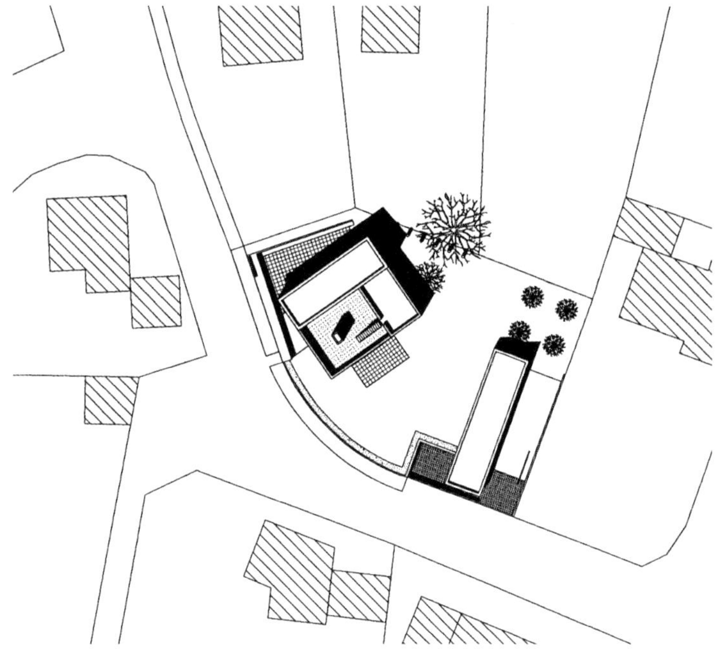

Lageplan

Aus einem gewöhnlichen Hanggrundstück in einem stadtnahen Wohngebiet wurde hier ein prägnanter kleiner Villenbezirk mit klaren Volumen und subtil inszenierten Raumfolgen – Wohnhaus und Atelier eines jungen Architekten.

Die Formensprache von Peter W. Schmidt ist unaufgeregt, klassisch, fast stoisch. Die ungestüme Gestik eines »jungen Wilden« ist dem Ungers-Schüler fremd, Innovation als Selbstzweck seine Sache nicht.
Vielleicht hatten seine Entwürfe gerade deshalb inmitten von soviel »gebautem Lärm« Erfolg; jedenfalls konnte Schmidt, Jahrgang 1957, schon eine ganze Reihe größerer Bauten realisieren, und er unterhält seit 1992 ein Büro in Berlin.
Hauptwohnsitz und Adresse des Stammbüros ist indes weiterhin das badische Pforzheim. Wohnen und Arbeiten hat der Architekt nun in einem neuen Ensemble zusammengeführt, das nicht nur praktische Vorzüge aufweisen kann. Vielmehr halten Wohnhaus und Atelier hier über ein beträchtliches Gefälle hinweg spannende Zwiesprache.
Während das Atelier als klarer Quader in den unteren Teil des Hangs eingekerbt wurde und lediglich eine große Fensterfront (gen Osten) aufweist, thront das Wohnhaus oberhalb frei auf dem geschaffenen Plateau: als differenzierter Typus der »Villa«. Ein Baukörper von 13 x 15 x 9 Metern wurde derart beschnitten (siehe Skizze) und von Öffnungen durchbrochen, dass eine plastische Abfolge von Räumen und Blicken entsteht.
Das Spiel von Enge und Weite, Geschlossenheit und Offenheit beginnt bereits auf dem Weg zum Haus: Beiden Baukörpern sind zu den Grundstücksgrenzen hin Höfe zugeordnet, die auf die Ruhe des Ortes einstimmen. Vom Eingang an der Straße führt eine gedeckte Rampe hinab in den unter Geländeniveau liegenden, steinernen Hof. Imposant und klar erhebt sich die hier dreigeschossige Gebäudemasse vor dem Eintretenden. Hinter dem überhöhten repräsentativen Portal erwartet einen dann zunächst ein niedriges Atrium als Verteiler; links führt eine Treppe in das durch eine große Dachterrasse geschmälerte Wohngeschoss. Trotz der Strenge gibt es in der Raumabfolge nirgends strikte Symmetrien, vielmehr spannende Sprünge und Versätze. Auch fehlt ein eindeutiges Zentrum, die Bewegungsform ist eher spiralförmig. Vom Atrium führen drei Stufen entlang dem Gefälle in den großen Wohnraum hinab, der sich über ein breites Fenster in den Garten erweitert und erst in der monolithischen Rückwand des Ateliers richtig endet. Auch zur Seite erweitert sich der Wohnraum über Rampe und Fensterschlitz ins Freie. Vielfältige Bezüge wären für diese Art komplexer Komposition zu nennen, vom »Raumplan« eines Adolf Loos zu den Klassikern der weißen Moderne. Doch nie werden diese rein zitiert, vielmehr prägt eine Art eklektische Brechung das Bild dieses Hauses. So wird der Blick von der mediterran anmutenden Dachterrasse durch einen Brettschichtholzrahmen gefasst. Die Idealform des Quaders ist als »äußere Fassade« wie eine gespannte, materielose Haut behandelt: Die Fenster sitzen flächenbündig in der weiß verputzten Wand. Die »inneren Fassaden« dagegen, die durch die Einkerbung des idealen Baukörpers entstanden, sind durch tiefe Leibungen gekennzeichnet. In seinem eigenen Haus hat der Architekt selbstverständlich sämtliche Ausbaudetails selbst gestaltet.
Das Ateliergebäude, über einen unterirdischen Gang mit dem Wohnhaus verbunden, folgt bis ins Detail einem regelmäßigen, modularen Aufbau. Während seine Rückseite als steinerner Block den Wohnbereich abriegelt, blickt seine Flanke mit einem quadratischen Fenster auf die Garagenvorfahrt hinab. An dieser liegt der nüchterne Zugang in die innen helle Arbeitsbox, hier bilden Sichtbetonflächen die Basis des Ensembles. Alte und neue Bäume beschirmen das Anwesen, das durch seine Klarheit und Differenziertheit die diffuse vorstädtische Situation räumlich »aufzuladen« scheint. Früher nannte man das Nobilitierung, Veredelung oder Verortung, in der Hektik von heute vielleicht schlicht: Beruhigung.

Villa (links) und Atelier (rechts) nehmen den Hang in die Mitte

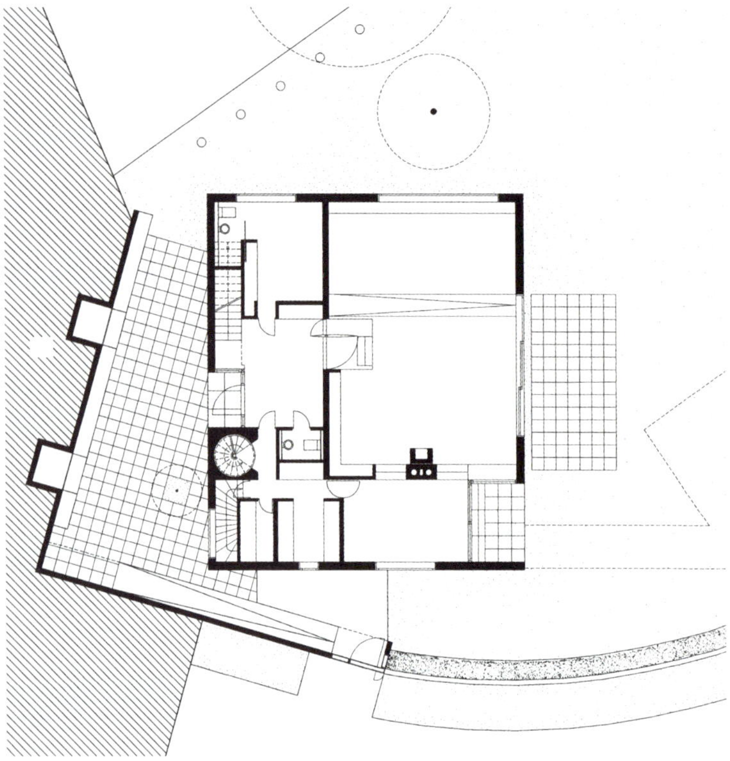

Ebene 0

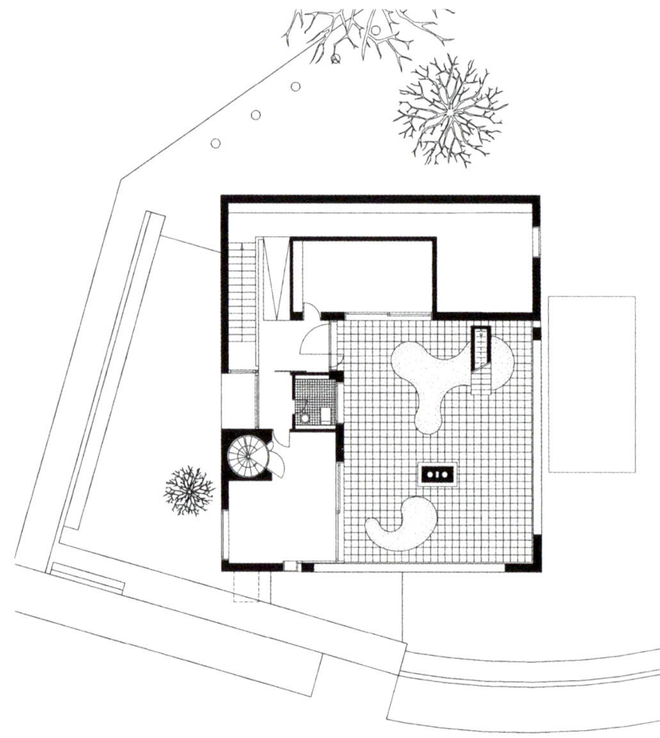

Ebene 1

Architektonisch gestaltete Klippe vor der Stirnseite des Ateliers

Blick von Osten auf die Villa

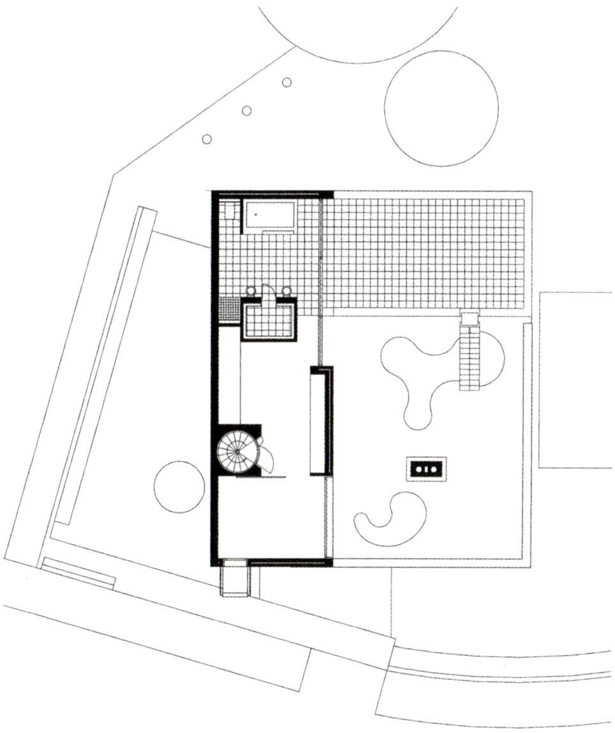

Ebene 2

Die gedeckte Rampe führt vom Eingangshof zur Straße

Der in das Volumen eingerückte Haupteingang

Wohnraum-
Interieurs

Planung: Peter W. Schmidt, Pforzheim/Berlin
Projektleiter: Frank Spallinger
Mitarbeit: Cordula Rendgen, Tobias Schmidt
Bauherrin: Katja Loewer
Fachplaner Tragwerk: Klein + Albert, Karlsruhe
Haustechnik: Hannemann + Zaehle, Karlsruhe
Konstruktion: Stahlbeton mit Vorhangschale, verputzt
Baukosten: keine Angaben
Fertigstellung: 1997
Standort: Kuppenheimstraße 4, Pforzheim

Gefasster Bezirk: der Garten, vom Wohnraum gesehen

Gegenblick: der Wohnraum vom Garten gesehen

Rote Reihen

Wohnsiedlung in Brugg (CH)
Architekten: Architheke, Brugg

Als Weiterentwicklung ihrer »blauen Kisten« (siehe Seite 10) realisierten die Architekten sieben Wohneinheiten am selben Steilhang.

Auch hier wurde die Landschaft, trotz deutlich höherer Ausnutzung des Baugrunds, so wenig wie möglich verändert: Nur rund ein Drittel der unteren Ebene ist als Massivbau in den Hang geschoben; dessen Decke trägt den gemeinsamen Wohnweg der Häuser. Der Grundstückszuschnitt erlaubte neben der ähnlichen Höhenstaffelung die Koppelung von jeweils zwei Einheiten, die nun auch quer statt längs zum Hang orientiert sind. Der schmalere, noch offenere Grundriss bietet großzügigere Ausblicke und viele Möglichkeiten für ein gemeinschaftsorientiertes Wohnen. Die Häuser bestehen im Gegensatz zu den blauen Häusern nur noch aus einer »Kiste« mit einer kleinen Einraum-Box als Extra obendrauf und gläsernen Veranden auf der Rückseite. Dieses Baukastensystem, das auch unterschiedlich lange Häuser ermöglicht, ist auf die Produktion für den freien Markt abgestimmt. Die kleine Siedlung wurde deshalb auch in Einzelparzellen zerlegt.

Neben den Parkplätzen und Abstellräumen am Fuß des Hangs blieb ein altes Weinberghaus erhalten. Den oberen Abschluss des mit Trockenmauern terrassierten Hangs bildet ein kleiner Platz am Waldrand. Von hier geht der Blick auf Brugg und das Aaretal – und auf die bewundernswerten Fortschritte bei der Aneignung und Individualisierung der Häuser.

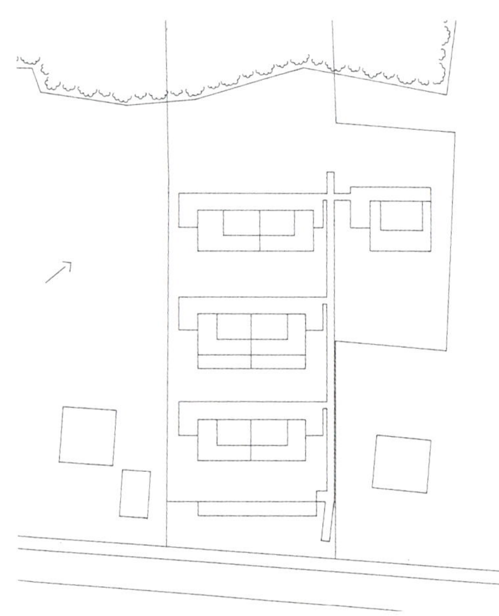

Lageplan

Bisher sind nur die oberen drei Häuser fertiggestellt; links an der Straße das alte Weinberghaus; rechts: eine der Zeilen von Osten

Durch das extreme Gefälle überblicken alle Häuser das Aaretal

Fernblick auf die Wohnanlage

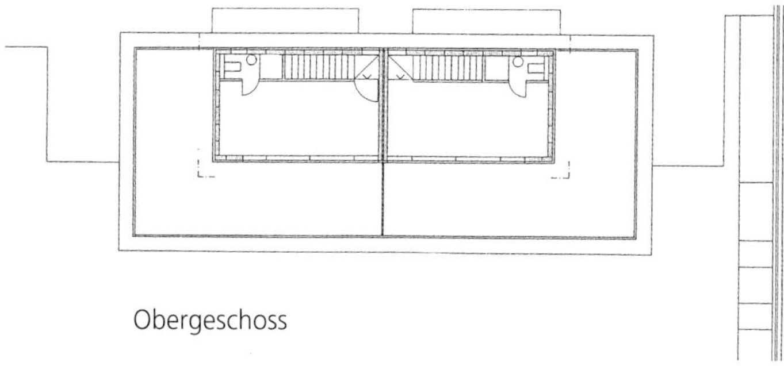

Obergeschoss

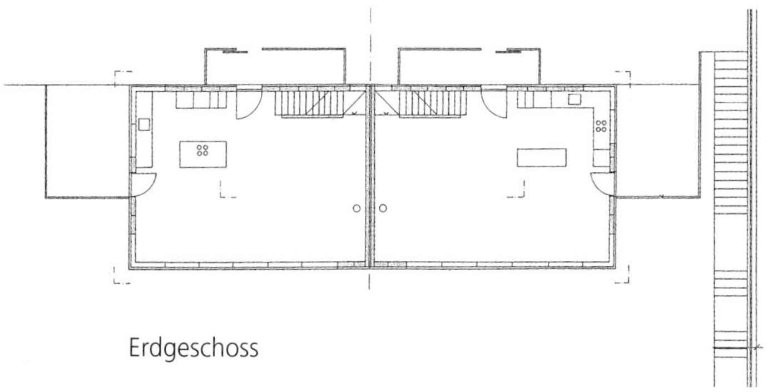

Erdgeschoss

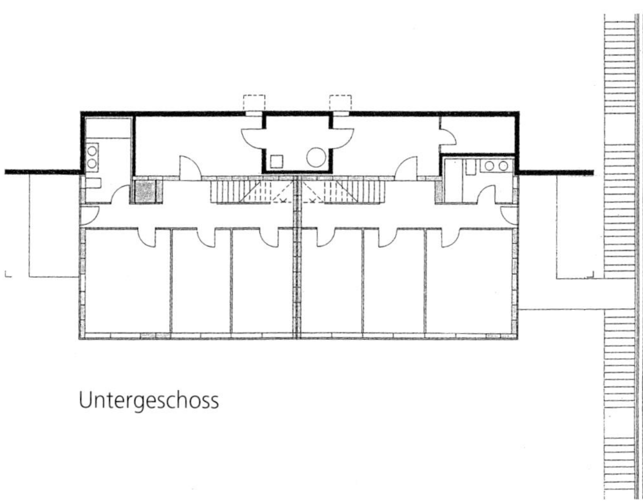

Untergeschoss

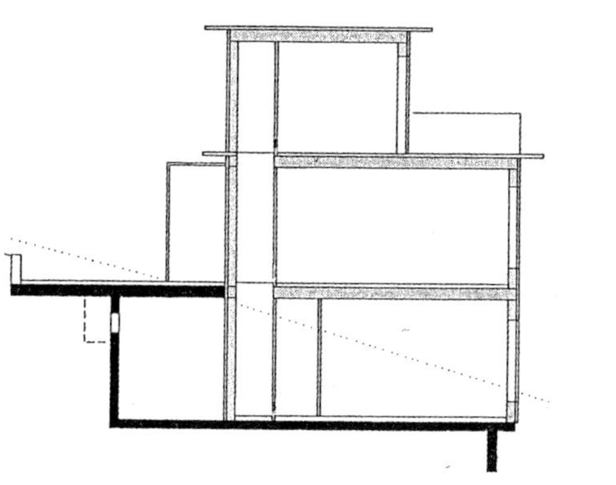

Schnitt

Eckfenster mit
Sonnenschutz

Das Einzelhaus rechts der Treppe von unten...

...und von oben

Allraum: Wohnen auf der Eingangsebene

Extra: Wintergartenvorbau am Wohnweg

Planung: Architheke, Ruedi Dietiker, Beat Klaus, Mitarbeit Silvia Egger, Stefan Diedier
Bauingenieur: Mund Ganz + Partner AG, Brugg
Bauherren: sieben Einzelbauherren
Konstruktion: Erne Holzbau AG, Laufenburg
Holzbau in Rahmenbauweise auf Betonkellerraum und -fundamentplatte
Baukosten: inkl. Attika 400 000 sFr
Fertigstellung: 2000
Standort: Rebmoosweg, Bruggerberg, Brugg

Landschaftsverträgliche Alternative

Wohnhausgruppe in Titisee-Neustadt (D)
Architektin: Gaby Sutter, Freiburg

In der noch weitgehend intakten Berglandschaft des Südschwarzwalds fallen die Bausünden der letzten Jahrzehnte besonders unangenehm auf: Im Fremdenverkehrsort Neustadt steht weithin sichtbar so eine unsensible Hangüberbauung – und direkt daneben ein überzeugendes Gegenbeispiel, das belegt, dass man mit dem hier traditionell heimischen Holz selbst in schwierigen Lagen wirtschaftlich bauen kann.

Das Gelände liegt in Sichtweite des Ortszentrums am natürlichen Wiesental des Reichenbachs, zu dem es steil westwärts abfällt. Oberhalb, im Osten, schließt hinter der Erschließungsstraße dichter Fichtenwald an. Der obere Teil des Grundstücks, 1175 Quadratmeter, stand als Bauland zur Verfügung, doch gab es keinen Bebauungsplan.
Die Vorgabe, sich mit ihrem Entwurf an der umliegenden Bebauung zu orientieren, interpretierte die Architektin auf eigene Weise: Einerseits benutzte sie die benachbarte massive Terrassenbebauung – drei Vollgeschosse mit Keller bedecken dort einen Großteil des Grundstücks –, um eine verdichtete Bebauung zu begründen. Andererseits berief sie sich auf die traditionellen Häuser der weiteren Nachbarschaft, zu denen eine offene Bebauung mit geneigtem Dach überleiten sollte. »Das Terrassenhaus mit Flachdach steht im Gegensatz zu den restlichen Gebäuden mit Satteldächern«, heißt es diplomatisch in der Anlage zum Baugesuch. Also entstanden zwei leicht gegeneinander versetzte, kompakte Doppelhäuser mit zwei Vollgeschossen und einem Pultdach. Letzteres vermittelt nicht nur, es verhilft der Baugruppe auch zu einer »geduckteren« Haltung am Hang und ist schlicht die kostengünstigste Dachform. Sparsamkeit und Ästhetik erweisen sich immer wieder als Schwestern.
Die vier spiegelsymmetrisch identischen Wohneinheiten werden von der Hangseite auf der mittleren Ebene erschlossen, knapp acht Meter unter dem Niveau der Stellplätze oben an der Straße. Feuergasse und Treppenwege führen im Winkel den mit 40 Prozent Gefälle sehr steilen Hang herab. In den Häusern verläuft die Platz sparende interne Erschließung quer zum Hang: nach oben ins luftige Dachgeschoss (mit offenem Dachraum), nach unten in die Einliegerwohnung und, hangseitig, in den Keller. Balkone sind in den oberen Geschossen als leichte Stahlkonstruktion außen angehängt, um die Gebäudehülle nicht mit Wärmebrücken zu durchstoßen.
Die Häuser wurden oberhalb des massiven Sockels in Holztafelbauweise auf einem Raster von 62,5 cm rationell errichtet. Dach und Außenwände sind mit Zellulose gedämmt, letztere sind mit senkrechten Brettern verschalt. Ein Gas-Brennwertkessel sowie Solarkollektoren sorgen für ein ökologisches Energiekonzept.
So folgte das ab 1992 geplante, inzwischen als »Beispielhaftes Bauen im Landkreis Breisgau-Hochschwarzwald« ausgezeichnete Projekt bereits den energetischen und baubiologischen Vorgaben für Niedrigenergiehäuser, wie sie die Stadt Freiburg damals gerade erst für ihre Grundstücke verpflichtend gemacht hatte. Überdies konnten die künftigen Bewohner schon beim Bau vieles mitbestimmen und selber Hand anlegen.
Es handelt sich bei den unauffälligen Häusern also in vieler Hinsicht um eine Pioniertat – und zugleich um ein klares, ruhig in die Landschaft eingebettetes Ensemble von ebenso hohem Wohnwert wie geringen Unterhaltungskosten, das die angebliche Wirtschaftlichkeit von Allerweltsbauweisen, wie der Terrassensiedlung nebenan eindrucksvoll widerlegt.

Die beiden identischen
Häuser von Süden

Im Hintergrund wurde der Hang unter Terrassen begraben

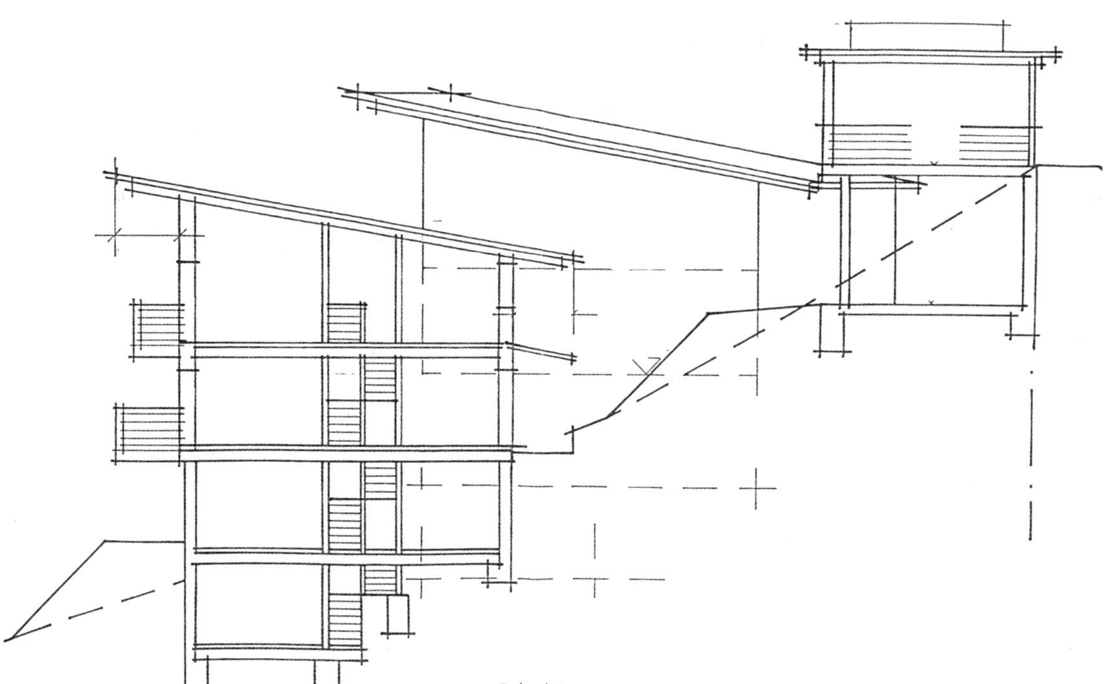

Schnitt

Planung: Gaby Sutter, Freiburg
Bauherr: Wohnungseigentümergemeinschaft
Konstruktion: vorgefertigte Holztafeln mit vertikaler Holzschalung
Baukosten: 2 800 DM / m² Wohnfläche
Fertigstellung: 1994
Standort: Dennenbergstraße, Neustadt

Lang und schmal

Doppelhaus in Freiburg (D)
Architektin: Gaby Sutter, Freiburg

Eine Handtuchparzelle am Hang verlangt viel architektonisches Geschick: Platz sparende Konstruktion und Grundriss-Organisation verhalfen hier sogar zwei Haushalten zu Ausblick und Gartenzugang – nebeneinander.

Gerade neun Meter breit ist das Doppelhaus, es ginge auch leicht als Einfamilienhaus durch, hätte nicht die eine der zwei Parteien eine weiße Lasur auf der Holzfassade bevorzugt. So wird die Symmetrie der von filigran gestaffelten Decks geprägten Talseite aufgehoben. Erst die über 18 Meter langen Flanken zeigen, dass hier knapp 1300 Kubikmeter Raum umbaut wurden.

Die 14 cm starke Holzständerkonstruktion der Außenwand bedurfte ohnehin einer Aussteifung, so wurde die mittige Trennwand der zwei Wohneinheiten (und neuen Grundstücke) als Brandwand ausgebildet und gemauert. Entlang dieser Wand verbindet eine offene Erschließungszone die Räume: Hinten am Garten liegen die Küchen, davor, neben dem Eingang, die Platz sparende Treppe, davor der Ess- und der Wohnbereich mit weitem Blick ins Tal.

Rechts:
Distinktion: ein Haus aus zwei Scheiben; oben vom Tal, unten vom Berg aus geblickt

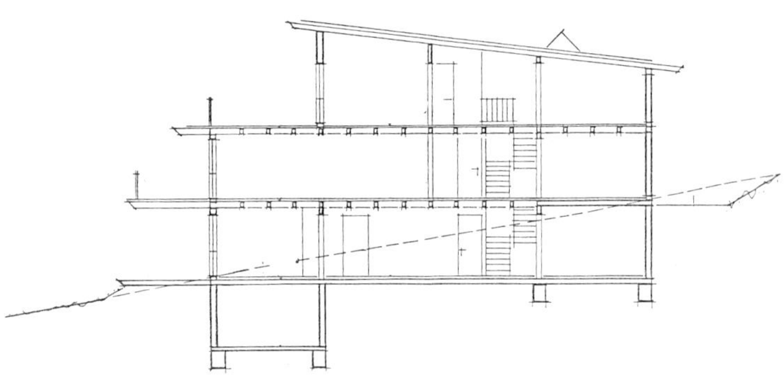

Schnitt

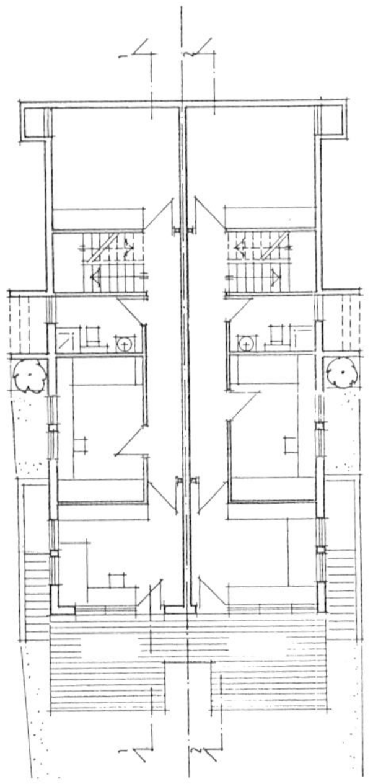

Untergeschoss

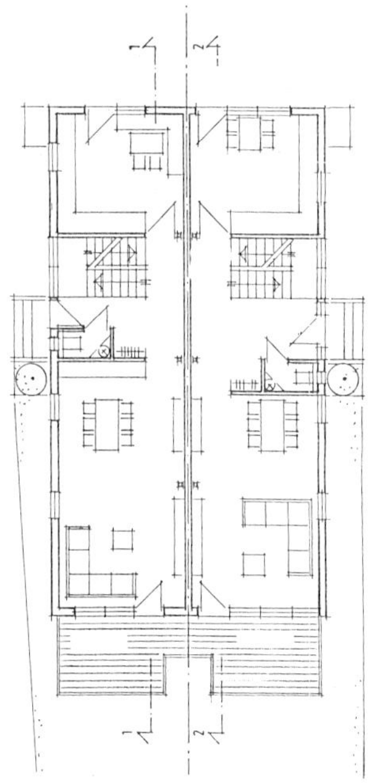

Erdgeschoss

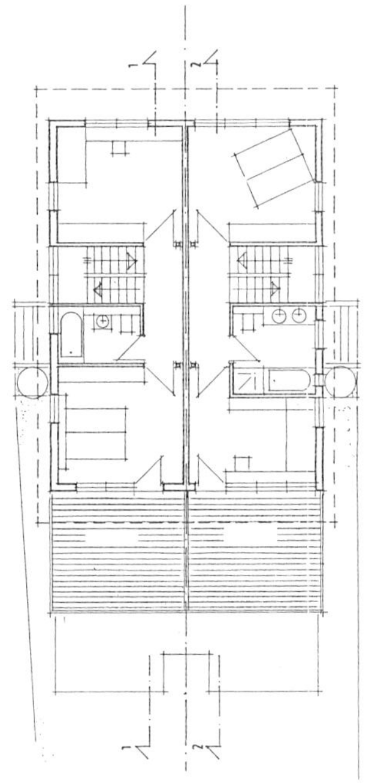

Obergeschoss

Planung: Gaby Sutter, Freiburg
Bauherr: Familien Stock und Schwär
Konstruktion: Holzständer mit vertikaler Holzschalung auf massivem Sockelgeschoss
Baukosten: 2 842 DM / m^2 Wohnfläche
Fertigstellung: Dezember 1998
Standort: Leinhaldenweg, Freiburg-Zähringen

Variable Hülle

Appartmenthaus in Frankfurt am Main (D)
Architekt: Marcel Kaschub, Frankfurt am Main

Hanglagen sind in Frankfurt rar. Im citynahen Stadtteil Bergen-Enkheim hat ein junger Architekt daher die Aussichtslage seines Grundstückes voll ausgenutzt – für ein flexibel teilbares Haus von ansehnlicher architektonischer Qualität. Wirtschaftlichkeit, gestalterischer Anspruch und Gebäudeökologie erwiesen sich dabei nicht als Widersprüche.

Die offene Bauweise des durchgrünten Einfamilienhausgebiets setzte der Ausnutzung enge Grenzen. So verschwanden die unteren zwei Geschosse des Gebäudes samt Nebenräumen auf der Rückseite im Hang, und ein voll ausgenutztes flaches Tonnendach bildet das Staffelgeschoss. Auf diese Weise tritt das kompakte Haus zur Straße hin kaum als Dreigeschosser, zum Hang hin gar als geduckter Zweigeschosser in Erscheinung. Da zudem der seitliche Grenzabstand auf fünf Meter erhöht wurde, ließ sich dort eine bequeme äußere Erschließung für die Wohnungen anordnen – zur unteren Wohneinheit geht es ein paar Stufen hinab, zu den oberen einige hinauf; die Fläche für ein Treppenhaus, das zumeist nur anonym und öde wirkt, wird eingespart, und es gibt statt dessen kleine Vorplätze im Freien. Jede Ebene ist separat von außen zugänglich, so dass aus den 540 Quadratmetern Wohnfläche (auf nur 501 Quadratmetern Grundstück) durch einfachen Umbau bis zu sechs Wohneinheiten entstehen können. Beim Erstbezug war das Haus in vier Maisonetten unterteilt, doch gerade urbane Wohnungsmärkte verändern sich bekanntlich rasch. Auch ein Doppelhaus wäre machbar.

Die Hauptfassade des Hauses ist entsprechend neutral gehalten: In die kastenförmige Umfassungsmauer ist eine filigrane Ganzglasfassade eingefügt, der als Sonnenschutz eine leichte Konstruktion aus Gitterrosten und Sonnensegeln vorgehängt ist. Über die drei Vollgeschosse erhebt sich, optisch »erleichtert«, das Staffelgeschoss, an dessen Dachüberstand gut die Fügung der Bauteile erkennbar ist (Holzleimbinder, abgehängte Holzdecke, seitlich Wellblech), nur die extensive Dachbegrünung ahnt man nicht.

Die Räume im Inneren sind entsprechend offen und, bis auf die das Gebäude mittig teilende Schottenmauer und die Hausanschlüsse im Norden, frei unterteilbar. Die Verbindungstreppe in den oberen Wohnungen wurde denn auch einmal als Wendel-, das andere Mal als einläufige Treppe ausgeführt – stets in höchster handwerklicher Qualität. Auch Lage und Größe der Küchen variieren.

Dass man hier am Hang wohnt, ist vor allem an der Aussicht in die Mainebene erkennbar – und an der teilweise nur einseitigen Belichtung der Räume. Der Architekt, der Konzept und Details akribisch entwickelte, setzte diese auch gleich als Bauträger in die Wirklichkeit um – offenbar mit Erfolg.

Vier variable Ebenen:
links Blick vom Eingang;
rechts: raumhohe Südfassade

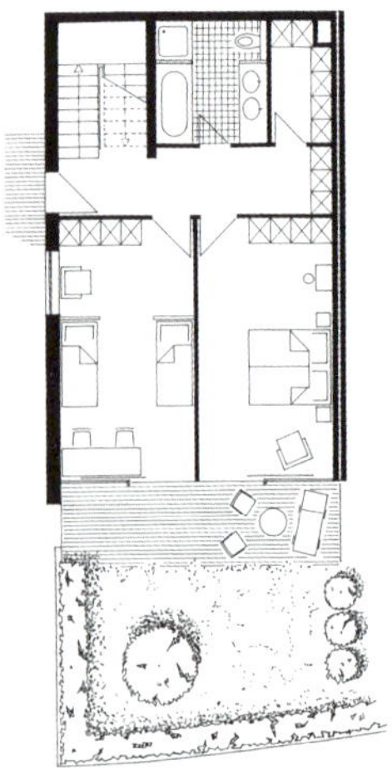

Untergeschoss

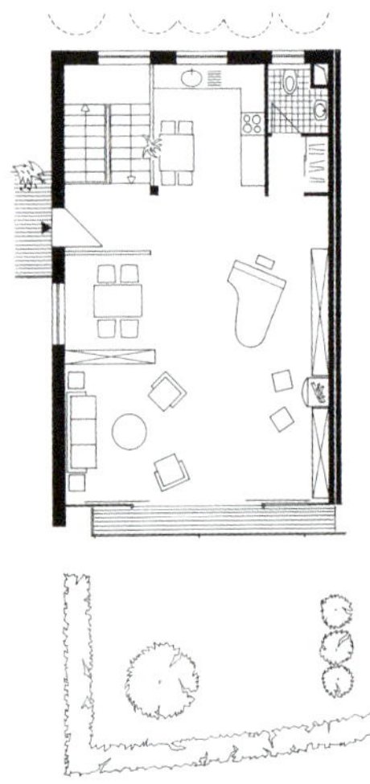

Erdgeschoss

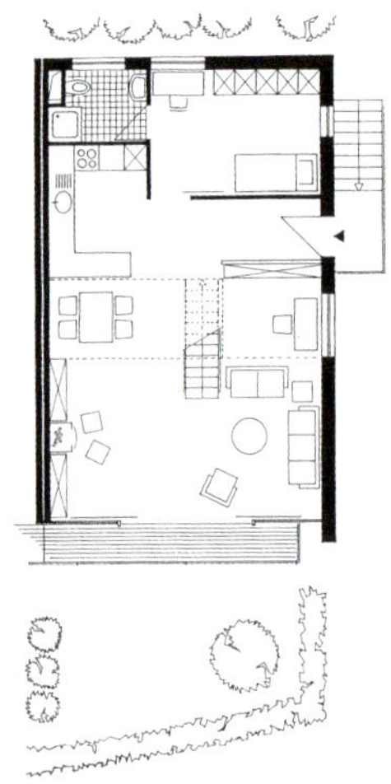

Obergeschoss

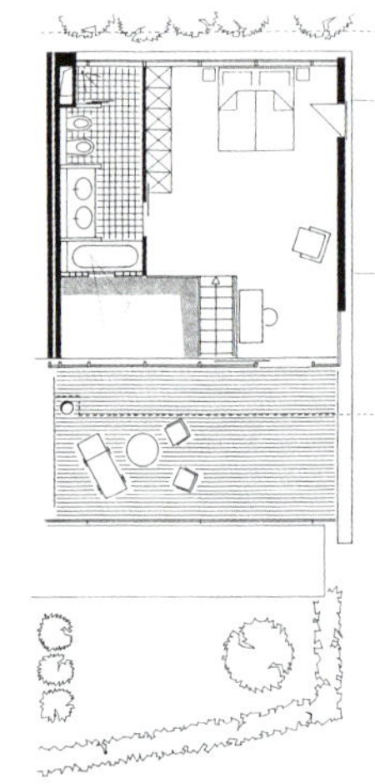

Dachgeschoss

Straßenblick auf das kompakte Haus

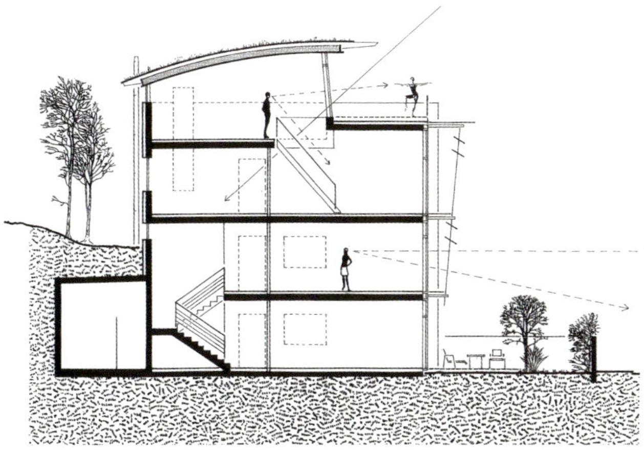

Schnitt

Freisitze vor den voll verglasten Wohnräumen; rechts der abgesenkte Hof

Planung: Marcel Kaschub, Erlebensraum, Frankfurt am Main
Bauherr: Marcel Kaschub
Konstruktion: Wärmedämmverbundsystem, Dach aus Holzleimbindern
Baukosten: 2 792 DM / m^2 Wohnfläche
Fertigstellung: 1996
Standort: Heinrich-Bingemer-Weg 67, Frankfurt-Bergen-Enkheim

Elegante Varianten der internen Erschließung

Die als leichte Stahlkonstruktion vorgehängten Umgänge und Sonnenblenden filtern das Licht

Dank dem Hang gibt es für alle Ebenen auch eine äußere Erschließung ohne Treppenhaus

Rahmen fürs Panorama

Doppelhaus in Rosbach (D)
Architekten: Berndt + Lorz, Frankfurt am Main

Der weite Blick über die Wetterau, den der Standort bietet, verlangte nach dieser offenen Bauform. Die modernistischen Motive, für die das junge Büro bekannt ist (siehe Seite 40), rahmen und steigern den Naturgenuss auf rationelle Weise.

Der weiß verputzte Quader mit seinen klaren horizontalen Einschnitten scheint über dem dunklen, zurückspringenden Sockelgeschoss zu schweben – wie eine verdoppelte Villa Savoie. Auch auf der Rückseite gibt es die Funktion betonende Fensterbänder, hier dominiert indes die Vertikale der seitlichen Treppenhäuser.
Das von Süden erschlossene Doppelhaus ist auf eine variable Nutzung angelegt. Die beiden Wohngeschosse werden durch die querliegende Flurzone klar in Nebenraumzone und vollkommen offenen Wohnbereich geteilt; der ins Erdreich eingegrabene Sockel lässt sich als Einlieger-, Büro- oder Kindergeschoss gestalten.

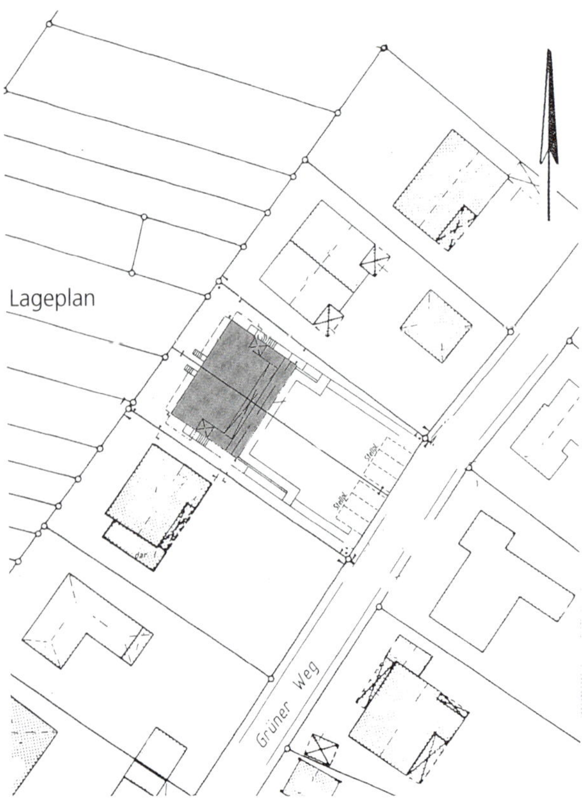

Lageplan

Die Dachterrasse und Eingang

Gesamtansicht von
Süden

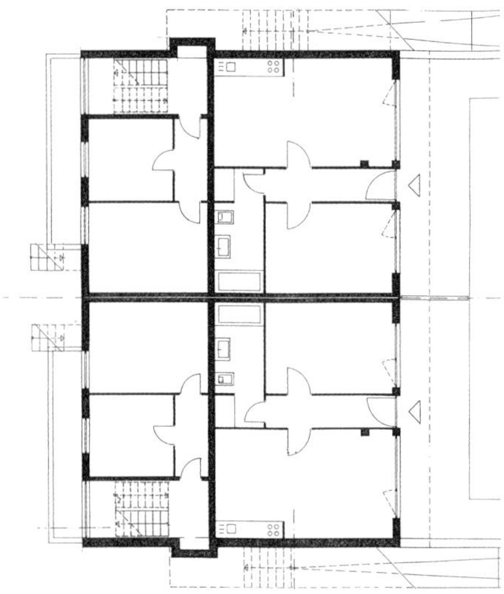

Untergeschoss

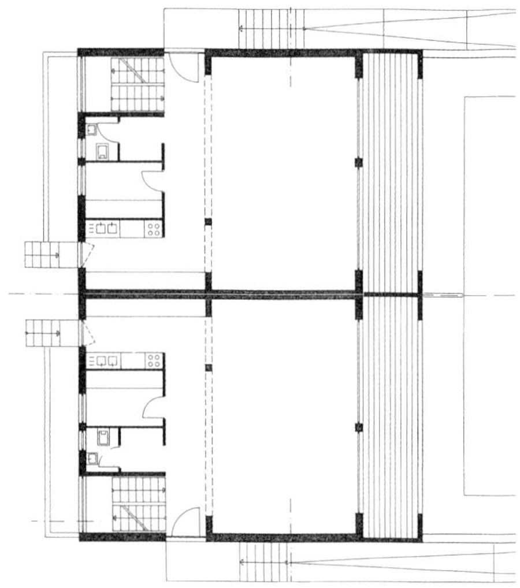

Erdgeschoss

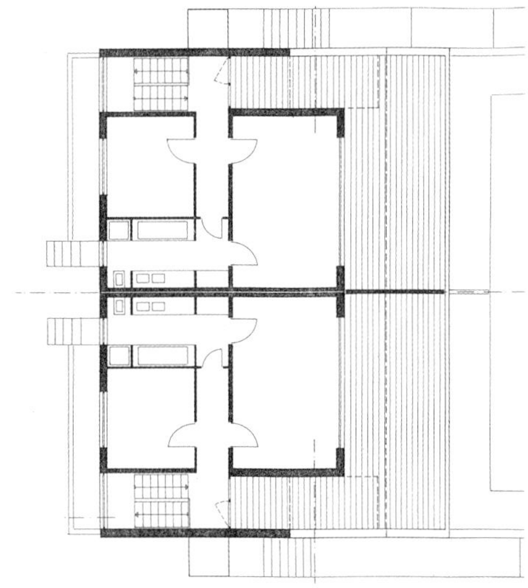

Obergeschoss

Doppeldecker: auf der Dachterrasse

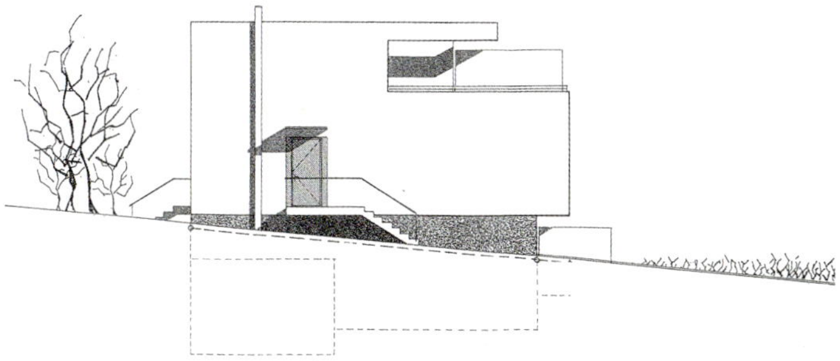

Seitenansicht

Berg-
und
Talblick

Planung: Berndt + Lorz,
Astrid Berndt, Heinz Lorz,
Frankfurt am Main
Bauherren: privat
Konstruktion: Massivbau
Größe: je 233 m² Wohnfläche
Fertigstellung: 2000
Standort:
Grüner Weg 7, Rosbach

Ein Haus im Gebirge

Gemeindewohnungen in Mon (CH)
Architekten: Robert Albertin und Alexander Zoanni, Chur

Auch in abgelegenen Gebirgsdörfern ändern sich die Verhältnisse: Nicht mehr alle Menschen wohnen und arbeiten auf den oft jahrhundertealten Bauernhöfen, die hier weithin das Ortsbild prägen. Ein neues Haus mit Gemeindewohnungen erweitert in Mon das alpine Repertoire.

Hoch über dem Albula-Tal klebt der Weiler Mon am Hang, dicht gedrängt stehen hier im Süden Graubündens die Gehöfte beieinander. Mächtige, fast schwarz verwitterte Lärchenholz-Giebel mit weiten Dachüberständen grüßen den Ankommenden, der sich die vielen Serpentinen heraufgemüht hat. Eindrucksvoll überragt wird das Ensemble von einem barocken Kirchturm.

In der Nachbarschaft dieser baulich noch ganz geschlossenen Welt galt es, einen Neubau mit Mietwohnungen für die Gemeinde und einem (in der Schweiz vorgeschriebenen) öffentlichen Zivilschutzraum zu planen. Der Standort an der Zufahrtsstraße unterhalb des alten Dorfes, in Sichtweite der Kirche, war anspruchsvoll – das Gebäude würde so künftig das Erste sein, was man von Mon zu Gesicht bekommt.

Den beiden jungen Architekten aus Chur gelang es, die Tradition des Ortes in ein zeitgemäßes Konzept zu übersetzen: Die ruhige Kontur des Gebäudes fügt sich in die Dachlandschaft. Auf dem schweren Betonsockel sitzt kein »gestricktes« Blockhaus, sondern ein rationeller leichter Holzskelettbau, geschossweise verkleidet mit gehobelten Lärchenholzbrettern. Zwar wendet sich die über den Sockel weit vorspringende Hauptfassade talwärts gen Osten, doch gibt es auch große Öffnungen und einen Balkon auf der Südseite sowie einen klar eingekerbten Eingangsbereich am Vorplatz im Norden. Hier weist nachts eine große beleuchtete Milchglasfläche den Weg zum Entrée.

Im Inneren ist das Gebäude in Querrichtung durch einen massiven Treppenblock mittig geteilt (mit der Option zur Zusammenlegung). Die Grundrisse der beiden Maisonetten sind über die zwei Treppen derart verschränkt, dass eine Partei im EG, die andere im OG in den Genuss des spektakulären Talblicks kommt. So konnten die Nass- und Nebenräume auf der Hangseite, die Balkone auf der Talseite übereinander angeordnet werden. Der Hauptwohnraum ist weitgehend offen gehalten.

Die außen aufgebaute Spannung von schwer und leicht, offen und geschlossen findet sich auch in der Materialisierung im Inneren, wo die rohen Betonflächen der Treppenzone mit leichten Einbauten, Korkboden und dem Fichten-Finish der Außenwände kontrastieren. Die Brettstapeldecken tragen außer einer Fußbodenheizung auch eine schwingungsdämpfende Konstruktion.

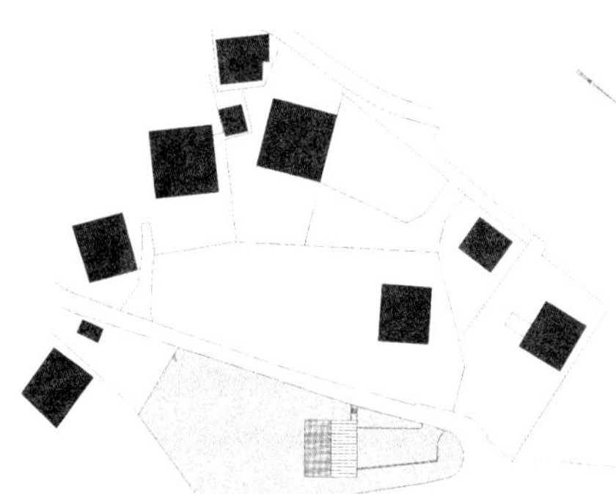

Lageplan

Gut eingefügt: das Haus vor der Silhouette des Weilers

Blick ins
Albulatal

Hinter der Milchglasscheibe liegt das Entrée zur vorderen Wohnung

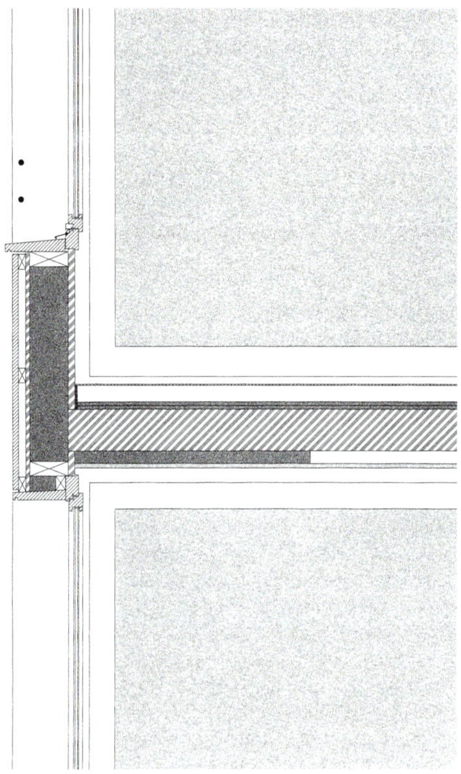

Detailschnitt durch Decke und Fassade

Schnitt

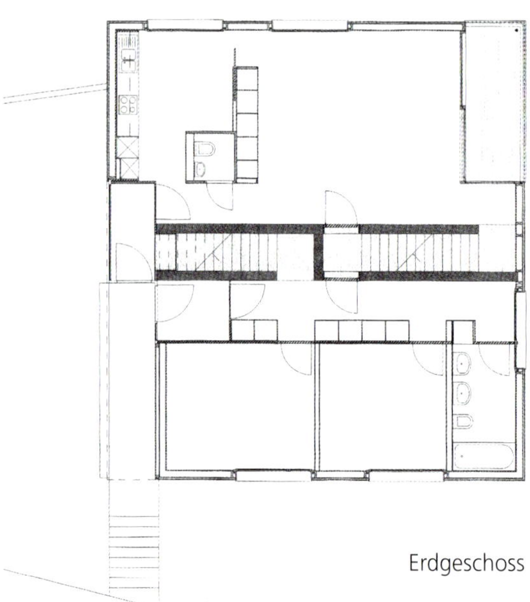

Erdgeschoss

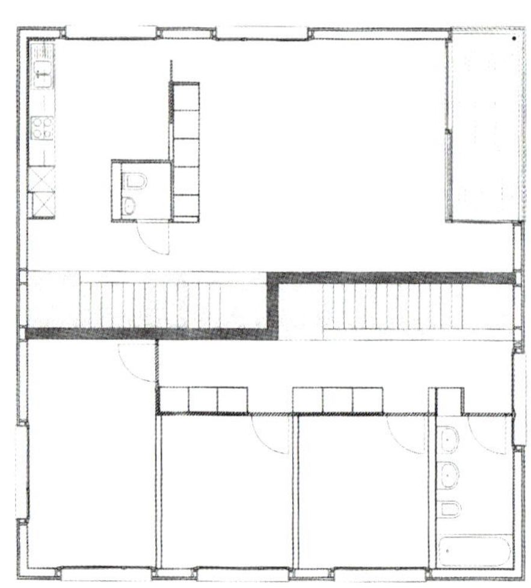

Obergeschoss

In den Wohnraum-Interieurs kontrastieren warme Holztöne mit Sichtbetonflächen

Neue Visitenkarte: das Haus am Ortseingang

Planung und Bauleitung: Robert Albertin und Alexander Zoanni, Chur
Bauherr: Gemeinde Mon, Graubünden (CH)
Konstruktion: Holzständer mit Lärchenholz-schalung, Brettstapeldecke, Betonsockel und -kern
Baukosten: sFr 955 000.-
Fertigstellung: 1998
Standort: Mon, unterer Ortsrand

Adressen der Architekten

Albertin, Robert und
Zoanni, Alexander
Sägenstr. 68
CH-7000 Chur

Architheke
Zurzacherstr. 232
CH-5203 Brugg

Baeriswyl, Peter
Bläsiring 8
CH-4057 Basel

Bäumlin + John
Dammstr.
CH-5070 Frick

Bauer + Partner
Charlottenstr. 37
72070 Tübingen

Berndt + Lorz
Metzlerstr. 23 a
60594 Frankfurt

Bucher-Beholz, Ingo
Hornstaader Str. 33
78343 Gaienhofen

Erny + Herzog
Draisstr. 6
77977 Rust

Frei, Peter und Christian
Bleichemattstr. 43
CH-5000 Aarau

Gassmann, Gerd, Prof.
Amtshausstr. 19
67227 Karlsruhe

Graf + Partner
Schartenstr. 41
CH-5400 Baden

Gredig, Joos
Tittwiesenstr. 61
CH-7000 Chur

Hérault & Arnod
16, rue Thiers
F-38000 Grenoble

Höttges, Erwin
Rickatschwende
A-6850 Dornbirn

Karle, Peter, und
Buxbaum, Ramona
Bismarckstr. 15
64293 Darmstadt

Kaschub, Marcel
Erlebensraum
Liebigstr. 44
60323 Frankfurt am Main

Ken Architekten
Theaterplatz 4
CH-5400 Baden

Körner + Stotz
Züttlingerstr. 51
70437 Stuttgart

Lüps, Wolf-Eckart
Waldaweg 2 b
86919 Utting

Münzenmaier, Martin
Im Schlösslipark
CH-8587 Oberaach (Thurgau)

Muxel, Reinhard
Kl. Neugasse 14/5
A-1040 Wien

Oechsli + Partner
Rheinstr. 17
CH-8201 Schaffhausen

Schmidt, Peter W.
Kuppenheimstr. 4
75179 Pforzheim

Sutter, Gaby
Verlorener Weg 25 a
79110 Freiburg

Team 4
Liebigstr. 50-52
64293 Darmstadt

Tectoniques
8, Place Colbert
F-69001 Lyon

Bildnachweis

Die Angaben beziehen sich auf Seitenzahlen

Frédéric Chantossel 24 bis 27
Hans Engels, München 116 bis 121
Gilles Fessy, Paris 84 bis 89
Francesca Giovanelli 102 bis 107
Brigida Gonzales, Stuttgart 28 bis 33, 36, 39 unten, 50 bis 55, 64 bis 67, 78 bis 83
Christoph Gunßer, Bartenstein 6 bis 8, 16, bis 23, 40, 63, 68, 112 bis 115, 122, 124, 125 oben und unten rechts, 131 unten, 141, 147, 148 oben, 149, 158 bis 161, 164
Thomas Hämmerli, Gondiswil 10 bis 15
Mathias Hefti, Basel Schutzumschlag vorne
Andrea Helbling, Zürich 96 bis 101
Brigitte Lattmann, Aarau 140, 142, 144, 145 oben
Stefan Müller 134 bis 139
Schenk und Campell, Lüen 162 bis 165
Kay Wettstein, Zürich 108 bis 111

Alle übrigen Aufnahmen und die Pläne wurden freundlicherweise von den Architekten zur Verfügung gestellt.